中国地质大学(武汉)实验教学系列教材
中国地质大学(武汉)实验技术研究经费资助
国家自然科学基金青年基金(41701446)资助
国家自然科学基金面上项目(41971356)资助

空间信息高性能计算

KONGJIAN XINXI GAOXINGNENG JISUAN

主　编　郭明强　黄　颖　刘　郑
副主编　王　波　曹　威　王均浩
　　　　葛　亮　赵保睿　匡明星
　　　　张　敏　韩成德　耿振坤

内容简介

本教材内容由浅入深，循序渐进，涵盖了空间信息中矢量数据和栅格数据计算并行调度的常用功能点。本书共13个实验，提供相应的程序实例，主要包括空间信息并行开发环境配置、空间信息并行可视化、空间信息并行切片、矢量数据并行检索、矢量数据并行统计、矢量数据并行缓冲、矢量数据并行裁剪、矢量数据并行叠加、栅格数据并行查询、栅格数据并行计算、栅格数据并行裁剪、网络地图并行下载、空间数据并行导入导出等空间信息并行计算功能。

本教材可作为开设GIS、遥感、软件工程、测绘工程等相关专业的各大院校的空间信息高性能计算、高性能空间计算、地理信息系统、网络GIS、移动GIS、互联网软件开发等相关课程的教材和教辅参考书，也可供GIS、遥感、测绘、计算机领域科研工作者、高校师生及IT技术人员作为技术参考书。

图书在版编目(CIP)数据

空间信息高性能计算/郭明强，黄颖，刘郑主编．—武汉：中国地质大学出版社，2019.8
中国地质大学（武汉）实验教学系列教材

ISBN 978-7-5625-4611-5

Ⅰ.①空…
Ⅱ.①郭… ②黄… ③刘…
Ⅲ.①空间信息技术-计算方法-高等学校-教材
Ⅳ.①P208

中国版本图书馆CIP数据核字(2019)第153712号

空间信息高性能计算

郭明强　黄　颖　刘　郑　主　编
王　波　曹　威　王均浩　葛　亮　赵保睿　匡明星　张　敏　韩成德　耿振坤　副主编

责任编辑：王　敏　　责任校对：张咏梅

出版发行：中国地质大学出版社（武汉市洪山区鲁磨路388号）　邮政编码：430074
电　话：(027)67883511　传　真：(027)67883580　E-mail：cbb @ cug. edu. cn
经　销：全国新华书店　http://cugp. cug. edu. cn

开本：787毫米×1 092毫米 1/16　字数：167千字　印张：6.5
版次：2019年8月第1版　印次：2019年8月第1次印刷
印刷：湖北睿智印务有限公司　印数：1—1 000

ISBN 978-7-5625-4611-5　定价：26.00

中国地质大学(武汉)实验教学系列教材

前　言

在空间信息高性能计算领域涉及多源异构数据，其中矢量数据和栅格数据是最常见的数据类型，其计算大多具有IO密集和计算密集特性，计算开销随数据量的增大而增大。由于空间数据的复杂性，传统GIS平台软件在处理空间数据时，大多是串行处理，没有并行化，导致在处理大数据量的空间数据时耗时过长，难以满足实际应用需求。空间信息并行计算可以通过数据并行、算法并行、应用并行实现，其中数据并行和算法并行实现难度较大，相对而言，应用并行较为可行。本教材基于目前GIS平台二次开发接口，在应用层实现矢量数据和栅格数据的并行可视化、并行检索与并行处理等功能，以快速实现空间信息的并行化处理，不需要更改空间数据格式和具体的数据处理算法，有利于快速提升已有系统的并行处理能力。

笔者长期从事有关高性能空间计算和网络GIS的理论方法研究、教学和应用开发工作，已有10余年的高性能空间计算和GIS平台相关科研经验和应用开发基础，为本实验教材的编写打下了扎实的知识基础。本教材由中国地质大学(武汉)实验技术研究经费和国家自然科学基金青年基金(41701446)资助，从空间信息并行计算实验环境部署到矢量数据和栅格数据并行计算的各个功能的开发，全书涵盖空间信息处理并行调度关键内容。内容按照实验要求、实现过程、代码解析的编排顺序讲解，循序渐进，使读者更容易掌握知识点。同时对重点代码作了大量注释和讲解，以便于读者更加轻松地学习。

本教材面向广大高性能空间计算和GIS开发者，内容编排遵循一般学习曲线，由浅入深、循序渐进地介绍了空间信息并行处理的相关知识点，内容完整、实用性强，既有详尽的理论阐述，又有丰富的案例程序，使读者能快速、全面地掌握基于GIS平台的空间信息并行开发编程技术。对于初学者来说，没有任何门槛，按部就班跟着教程实例编写代码即可。无论读者是否拥有并行计算编程经验，都可以借助本教材来系统了解和掌握基于GIS平台二次开发API的空间信息并行开发所需的技术知识点，为空间信息并行软件开发奠定良好基础。

教程资源：

本教材提供配套的全部示例源码，每个实验对应的源码工程均是独立编写而成的，每个工程可以独立运行，可快速查看演示效果与完整源码，可通过微信扫描二维码下载配套数据资源与工程源码。

教材中的实验数据由中国地质大学(武汉)张紫薇制作,在此表示诚挚的谢意。教材的出版得到中国地质大学(武汉)实验室与设备管理处的鼎力支持,在此表示诚挚的谢意。同时向本教材所涉及参考资料的所有作者表示衷心的感谢。

因作者水平有限,难免存在不足之处,敬请读者批评指正。

编者

2019 年 6 月于武汉

目 录

实验一　空间信息并行开发环境配置

一、实验目的

(1)了解 MapGIS 二次开发的一般步骤。

(2)掌握 MapGIS 二次开发环境部署的步骤，在 VS2010 中创建一个窗体项目，并配置相关 MapGIS 二次开发的环境，实现一个基本的显示地图的操作。

二、实验学时安排

2 个学时。

三、实验准备

实验平台：VS2010、MapGIS 10。

开发语言：C#。

实验数据：中国地质大学(武汉)新校区地图数据。

四、实验内容

1. 安装 VS2010

安装包下载完成后进行解压，以管理员身份运行 setup 应用程序，点击“安装 VS2010”，如图 1-1 所示。

然后一直点击“下一步”，到如图 1-2 所示页面。

可以修改安装路径，然后点击“安装”即可。等待所有安装包安装完成，出现如图 1-3 所示界面，点击“完成”即可。至此 VS2010 安装完毕。

2. 安装 GIS 软件开发平台

安装包下载网址为：http://www.smaryun.com/dev/download_detail.html#/download697。

该安装包中包含 MapGIS 桌面端，下载完成后以管理员身份运行 MapGIS IGServer for.Net 应用程序，选择“安装”，接受安装协议，点击“下一步”到如图 1-4 所示页面，选择“默认安装”即可，然后点击“下一步”。

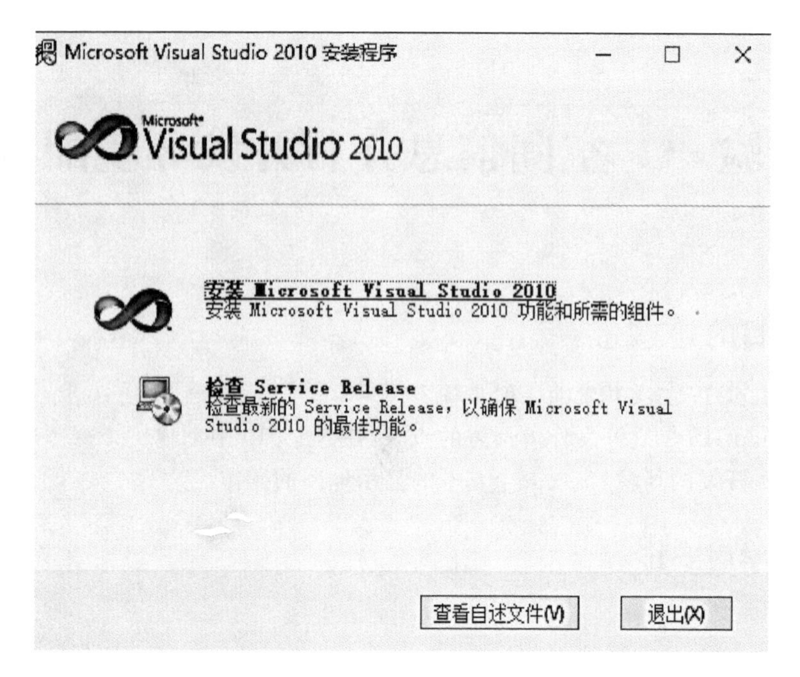

图 1-1　VS2010 安装界面

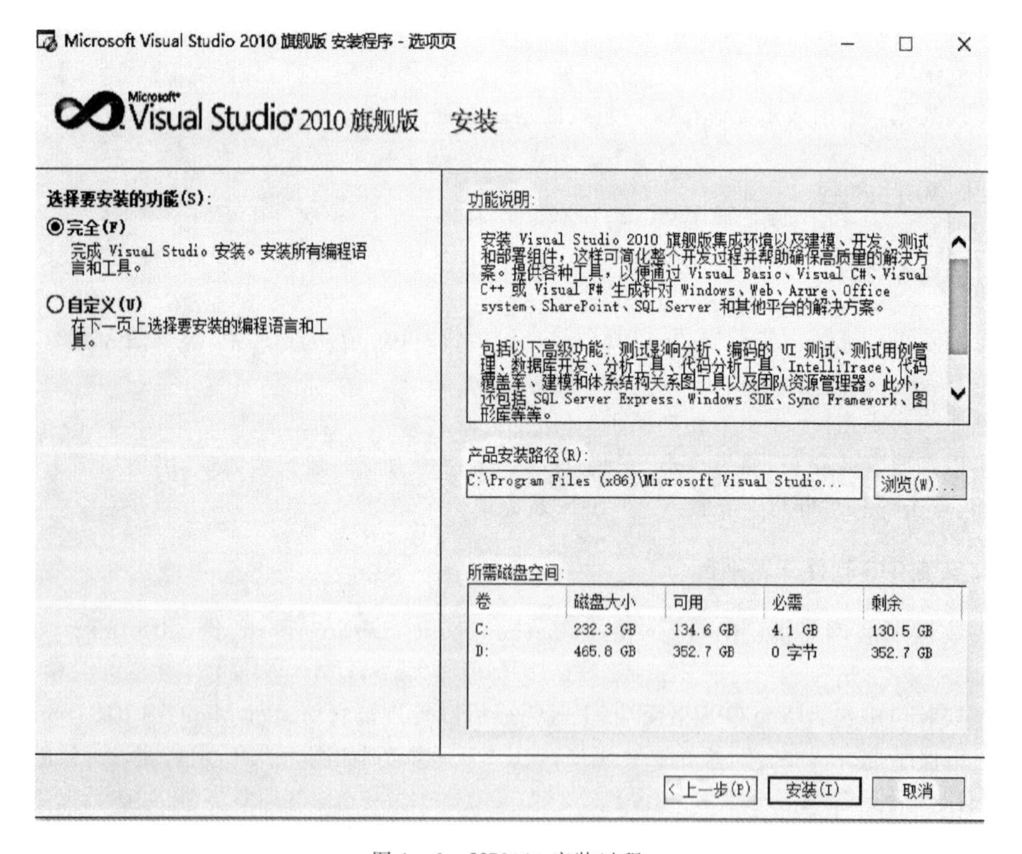

图 1-2　VS2010 安装过程

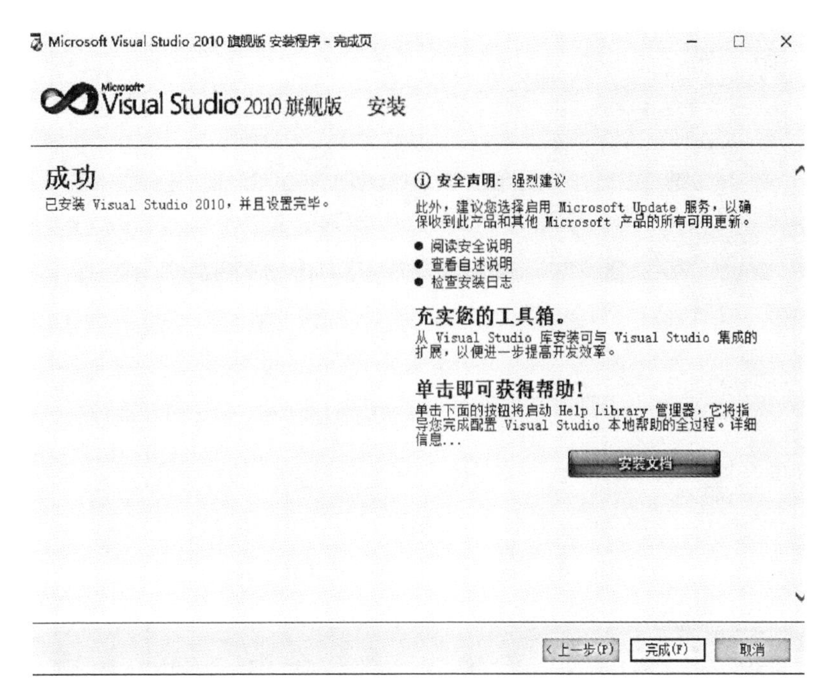

图 1-3　VS2010 安装完成界面

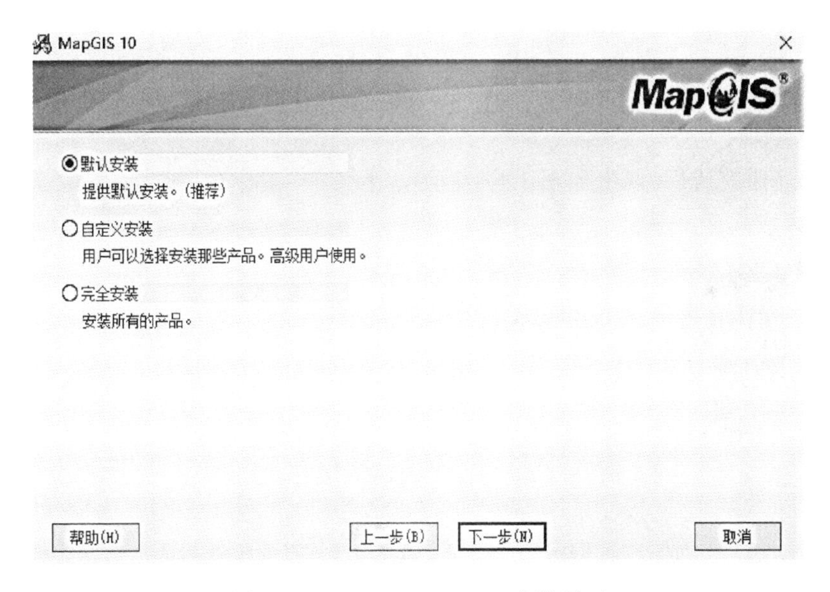

图 1-4　MapGIS IGServer 安装界面

然后一直选择“下一步”即可，若要更改安装路径，也可更改，然后等待所有安装包完成安装即可，如图 1-5 所示。

MapGIS 需要进行在线授权才能使用，读者可以通过注册司马云账号来获得免费的初级开发者授权。进入 http://www.smaryun.com/dev/司马云开发世界，如图 1-6 所示，在网页的上方进行账号注册。

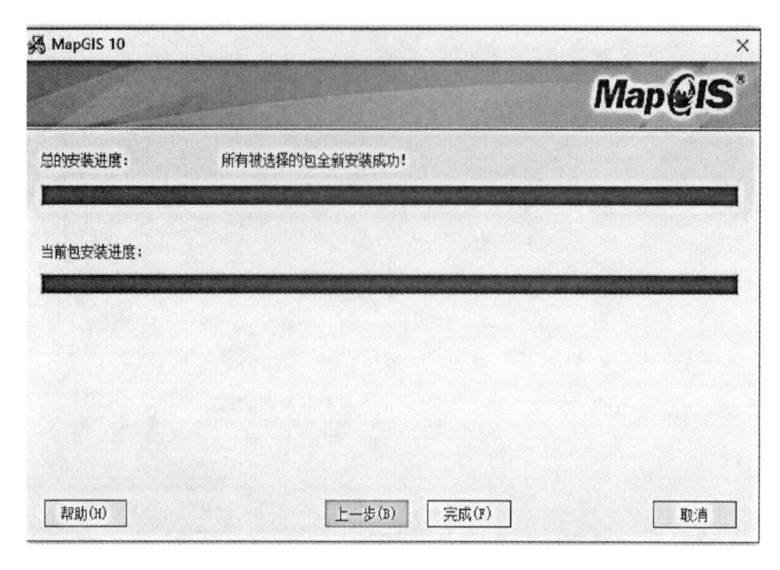

图 1-5　MapGIS IGServer 安装完成界面

图 1-6　司马云开发世界首页

按照提示注册完成后，点击如图 1-6 所示右上角的“工作台”，然后点击“开发环境”，如图 1-7 所示。

授权类型：高级开发授权　　获取开发授权

有效期限：2019.04.17～2020.04.10

图 1-7　司马云开发世界开发环境界面

在授权类型的后边点击“获取开发授权”，如图 1-8 所示，然后点击“下载”，会得到一个注册表文件的压缩包，解压后双击该注册表即可认证成功，可以使用 MapGIS 了。

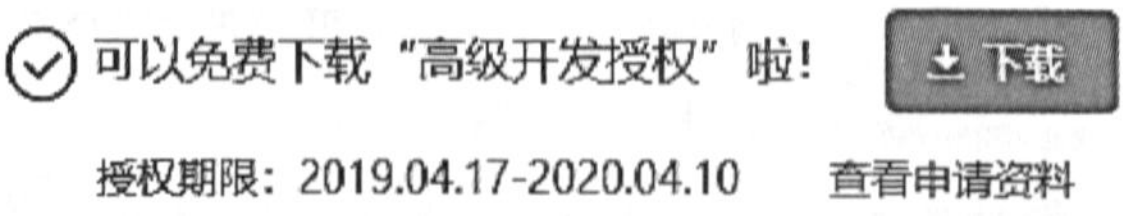

可以免费下载“高级开发授权”啦！　下载

授权期限：2019.04.17-2020.04.10　　查看申请资料

图 1-8　司马云开发世界授权界面

3. 在 VS2010 中配置 GIS 开发环境

对于 MapGIS 在 VS2010 中的二次开发主要是借助于安装目录下的 Program 文件夹中的 dll 文件的引用，如图 1－9 所示，需要用到相关的接口，都要先引用该接口所在的 dll 文件。

MapGIS.G3DAnalysis.dll	2018/10/19 10:24	应用程序扩展
MapGIS.GeoDataBase.dll	2018/10/19 10:21	应用程序扩展
MapGIS.GeoMap.dll	2018/10/19 10:23	应用程序扩展
MapGIS.GeoObjects.dll	2018/10/19 10:20	应用程序扩展
MapGIS.GISControl.dll	2018/10/19 10:24	应用程序扩展

图 1－9　安装目录下的 dll 文件

接下来可以开始编码了，先打开 VS2010，选择“新建项目”，新建一个 C# 的 Windows 窗体程序，如图 1－10 所示。

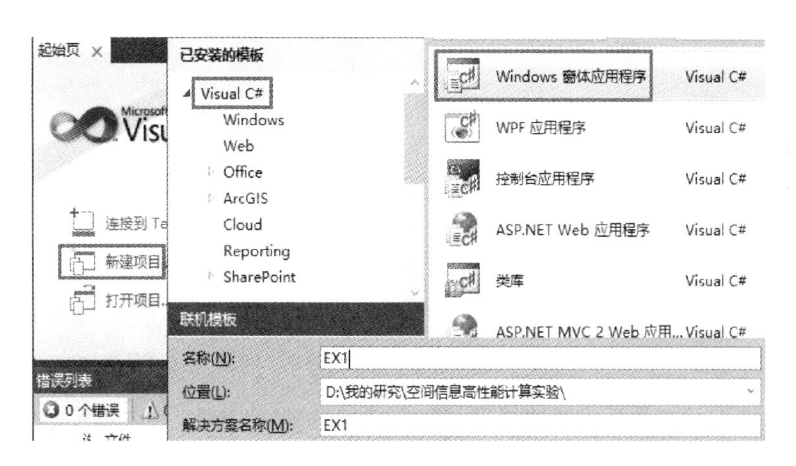

图 1－10　新建窗体程序

以使用 Windows 窗体程序来实现显示地图文档的基本功能为例，来对 MapGIS 二次开发进行一个基本的了解。首先进入工程来设计使用者想要的窗体，先在窗体中添加一个 SplitContainer 控件，该控件是作为一个容器来添加 MapGIS 的 MapControl 控件和工作空间树，具体的添加过程在窗体代码中实现。然后添加一个 Button 按钮将其 Text 属性设置为打开地图文档，点击这个按钮，便可以实现显示地图文档的功能了。

窗体设计完成后开始进行代码的编写，首先在程序的开始处声明使用者需要的变量。

```
MapControl mapCtrl=new MapControl();//mapcontrol 控件的声明
MapWorkSpaceTree _Tree=new MapWorkSpaceTree();//工作空间树的声明
```

添加完成后应该可以看到显示了一些报错信息，这是因为使用者没有引用该接口所在的 dll 文件，MapControl 在 MapGIS. GISControl 的命名空间内。

MapWorkSpaceTree 在 MapGIS. UI. Controls 的命名空间内，在后边使用者还需要用 MapGIS. GeoMap. dll。目前一并添加引用文件，在解决方案下的引用处，右键点击选择“添加引用”，如图 1-11 所示。

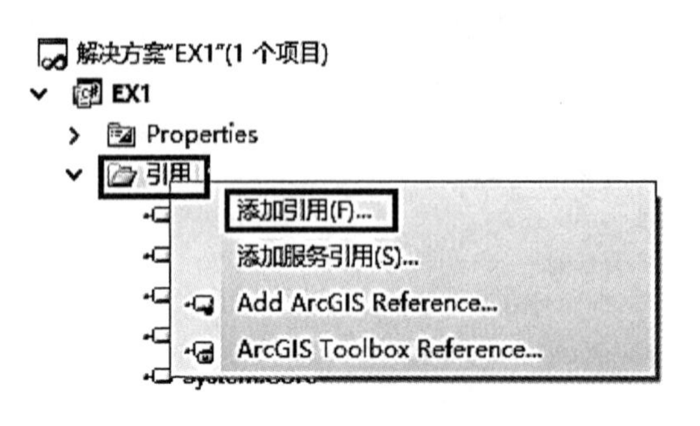

图 1-11　添加引用

在弹出的页面中，选择“浏览”，找到 MapGIS 的安装目录下的 program 文件夹。然后在 program 文件夹中找到所需要的 dll 文件，点击“确定”，添加引用，如图 1-12 所示。

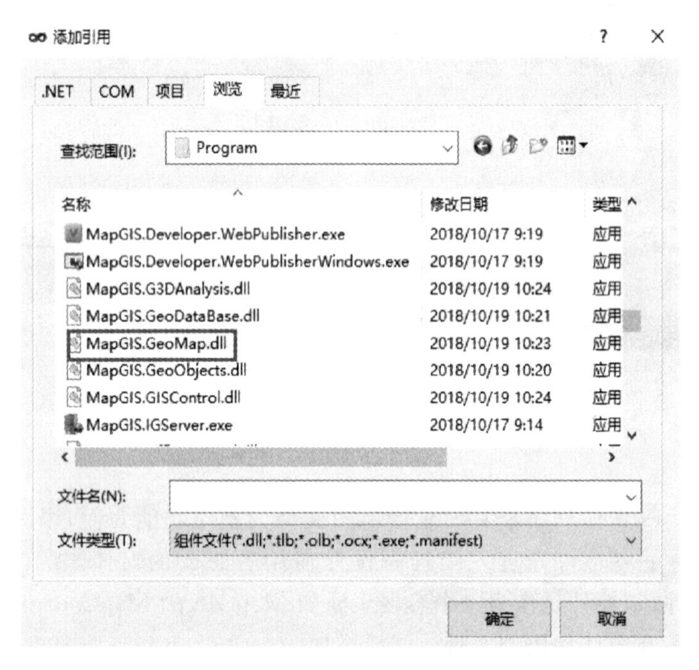

图 1-12　添加 dll 文件

添加完毕，这里会出现图 1-13 所示内容，引用的部分已经添加成功。

然后在程序的开始 using 使用者引用的包，上述编译错误就解决了。

```
using MapGIS.GISControl;
using MapGIS.UI.Controls;
using MapGIS.GeoMap;
```

图 1 - 13　添加引用文件

然后对窗体的初始界面进行一些设置，将 MapGIS 的 MapControl 控件、AttControl 控件和工作空间树添加到 SplitContainer 控件中去。首先声明一个初始界面设置函数 initControls()，通过调用这个函数来实现如上所说的对初始界面的设置。

```
public void initControls()
{
}
```

对初始界面设置函数 initControls 的内容进行编写，首先对 MapControl 控件进行初始化操作。将 MapControl 控件添加进 splitContainer1. Panel2 中去，设置 MapControl 控件的大小与 splitContainer1. Panel2 的一样。

```
this. splitContainer1. Panel2. Controls. Add(mapCtrl);
mapCtrl. Width=this. splitContainer1. Panel2. Width;
mapCtrl. Height=this. splitContainer1. Panel2. Height;
```

紧接着将工作空间树实例添加到 splitContainer1. Panel1 中。

```
//工作空间树控件加载到 Panel1 上
_Tree. Dock=DockStyle. Fill;
this. splitContainer1. Panel1. Controls. Add(_Tree);
```

在窗体类的方法中调用这个函数，完成对窗体的初始界面的设置。

```
public Form1()
{
  InitializeComponent();
  initControls();
}
```

接着在打开地图文档这个按钮的 Click 事件下，编写打开地图文档的代码，首先声明地图文档。

```
Document doc=_Tree.Document;
```

如果地图文档的关闭状态是 false，弹出打开文件对话框 OpenFileDialog，让其选择地图文档所在的相关路径，通过这个路径打开地图文档。

```
if (doc.Close(false))
{
    OpenFileDialog mapxDialog=new OpenFileDialog();
    mapxDialog.Filter=".mapx(地图文档)|*.mapx|.map(地图文档)|*.map|
.mbag(地图包)|*.mbag";
    if (mapxDialog.ShowDialog()! =DialogResult.OK)
    return;
    string mapUrl=mapxDialog.FileName;
    //打开地图文档
    doc.Open(mapUrl);
}
```

然后声明地图对象来获得地图文档 doc 中的地图文件，判断地图如果不为空，则获取地图中的第一个地图，设置这个地图的第一个图层状态为激活状态，令当前激活的地图为使用者输入的地图，并显示出来。

```
Maps maps=doc.GetMaps();
if (maps.Count>0)
{
  //获取当前第一个地图
Map map=maps.GetMap(0);
//设置地图的第一个图层为激活状态
    map.get_Layer(0).State=LayerState.Active;
    this.mapCtrl.ActiveMap=map;
    this.mapCtrl.Restore();
  }
    return;
}
```

至此该示例的所有代码编写已经完成，但是由于引用的 MapGIS 的 dll 的版本为 2.0，需要在该项目的解决方案管理器下添加一个 app.config 文件，让它可以在.NET4.0 的环境下运行，如图 1-14 所示。

图 1-14　配置文件

app. config 文件的具体配置信息如下：

```
<? xml version="1.0"? >
<configuration>
  <startup useLegacyV2RuntimeActivationPolicy="true">
  <supportedRuntime version="v4. 0" sku=". NETFramework, Version=v4. 0"/>
</startup>
</configuration>
```

然后运行，点击“打开地图文档”按钮，选择需要打开的地图文档，运行结果如图 1-15 所示。

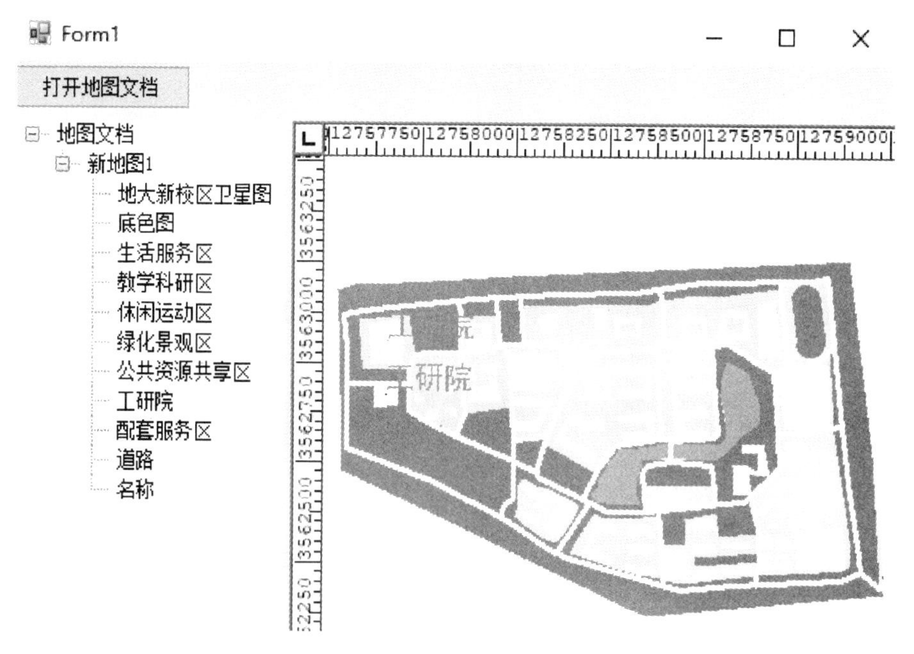

图 1-15　运行结果

实验二　空间信息并行可视化

一、实验目的

(1)了解 C# 多线程的基础知识。

(2)掌握利用 MapGIS 二次开发的知识,实现将不同地图范围使用多个线程同时出图的功能。

二、实验学时安排

2 个学时。

三、实验准备

实验平台:VS2010、MapGIS 10。

开发语言:C#。

实验数据:中国地质大学(武汉)新校区地图数据。

四、实验内容

1. 创建 Windows 窗体应用程序

在实验一中已经学会了如何创建一个 Windows 窗体应用程序,按照实验一的步骤首先创建一个 Windows 窗体应用程序。另外,由于我们引用的 MapGIS 的 dll 的版本为 2.0 的,需要在该项目中添加一个 app. config 文件,让它可以在. NET4. 0 的环境下运行。配置方法在实验一中有具体阐述,在之后的实验中都要进行该信息的配置,此后便不再详细说明。在此次实验中,需要引用如图 2-1 所示的 dll 文件,然后在 Form1 代码开始处添加这些引用。另外需要使用多线程来实现并行可视化,所以还要添加 using System. Threading。

```
using MapGIS.GeoMap;
using MapGIS.GeoObjects;
using MapGIS.GeoObjects.Geometry;
using System.Threading;
```

图 2-1 添加引用

2. 设计 Windows 窗体

首先在窗体上添加两个 PictureBox 控件,分别用来显示两个线程出图的结果。打开工具箱,将 PictureBox 拖曳到窗体上即可,如图 2-2 所示。

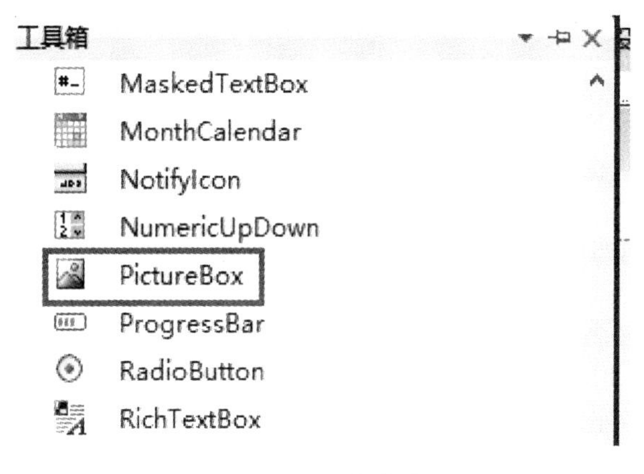

图 2-2 添加控件

3. 代码实现

首先在 Form1_Load 事件下,先获取地图文档。声明地图文档对象,然后使用地图文档所在的路径读取地图文档。

```
//地图文档
Document doc=new Document();
//打开地图文档
doc.Open("D:\\我的研究\\空间信息高性能计算实验\\新校区.mapx");
```

然后定义 Maps 对象来获取用 doc 打开的地图文档中的多个地图。

```
Maps maps=doc.GetMaps();
```

由于使用的地图文档中只有一个地图，使用者直接来定义一个 Map 对象取 maps 中的第一个地图。

```
Map map=maps.GetMap(0);
```

本次实验仅使用两个线程来实现并行可视化，分别取地图的一半让两个线程分别去实现可视化操作。那么首先要得到这个地图的范围，才能得到两个线程操作的地图可视化的范围。定义两个矩形对象，rect1 来存储线程一所操作的矩形范围，rect2 来存储线程二所操作的矩形范围。

```
Rect rect1=new Rect();
Rect rect2=new Rect();
```

通过 Map 的 Range 属性可以获得地图的矩形范围，然后用线程一来操作地图的左半部分，用 rect1 将左半部分的范围存储起来。

```
rect1.XMax=map.Range.XMin+(map.Range.XMax-map.Range.XMin)/2;
rect1.YMax=map.Range.YMax;
rect1.YMin=map.Range.YMin;
rect1.XMin=map.Range.XMin;
```

用线程二来操作地图的右半部分，用 rect2 将右部分的范围存储起来。

```
rect2.XMax=map.Range.XMax;
rect2.YMax=map.Range.YMax;
rect2.YMin=map.Range.YMin;
rect2.XMin=map.Range.XMin+(map.Range.XMax-map.Range.XMin) / 2;
```

那么接下来便可以分别定义两个线程，通过这两个矩形范围进行并行可视化操作。

```
var threadOne=new Thread(()=>ToPicture(map,rect1,"D:\\ThreadOne.png",pictureBox1));
threadOne.Name="ThreadOne";
var threadTwo=new Thread(()=>ToPicture(map,rect2,"D:\\ThreadTwo.png",pictureBox2));
threadTwo.Name="ThreadTwo";
```

=>是一个 lambda 表达式，可以通过这个符号将线程指向 ToPicture 这个方法。ToPicture 这个方法是使用者自己定义的，功能是将范围内的地图输出成一张图片，然后在窗体上的 PictureBox 控件上显示。现在我们来定义这个方法，这个方法的参数为地图对象、要输出的矩形范围、要生成的图片的路径、所展示图片的 PictureBox 控件。然后在方法内，首先设置地图的输出范围，接着将地图的该范围输出为一张图片，然后添加该图片到 PictureBox 控件上。

```
public void ToPicture( Map map,Rect rect,string picURL,PictureBox picBox)
{
  map.SetViewRange(rect);
  map.OutputToImageFile(picURL,497,600,ImgType.PNG,true,0,false);
  picBox.ImageLocation=picURL;
}
```

接下来便可以通过启动线程来分别执行这两个任务，实现并行可视化的展示。

```
threadOne.Start();
threadTwo.Start();
```

4. 结果显示

通过上边的代码编写，分别启动两个线程，这两个线程便同时开始工作，实现并行可视化操作，如图 2-3 所示。

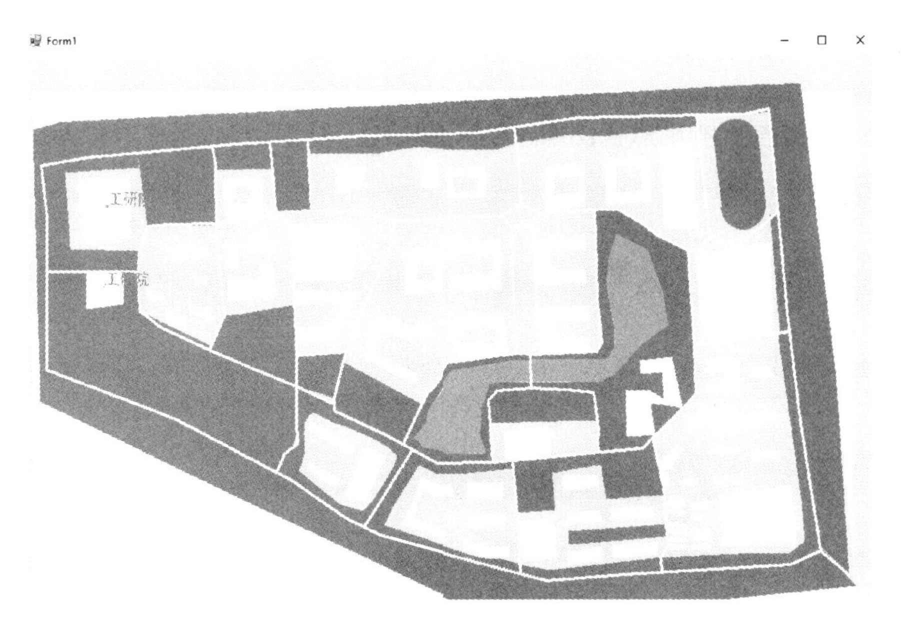

图 2-3　并行可视化结果显示

实验三　空间信息并行切片

一、实验目的

（1）了解 C＃多线程的基础知识。

（2）掌握利用 MapGIS 二次开发的知识，实现将地图使用多个线程同时输出不同级别的切片的功能。

二、实验学时安排

2 个学时。

三、实验准备

实验平台：VS2010、MapGIS 10。

开发语言：C＃。

实验数据：中国地质大学（武汉）新校区地图数据。

四、实验内容

1. 创建控制台应用程序

在本次实验中不需要窗体显示的功能，所以创建一个控制台应用程序即可。打开 VS2010，选择“新建项目”，新建一个 C＃的控制台应用程序，如图 3－1 所示。

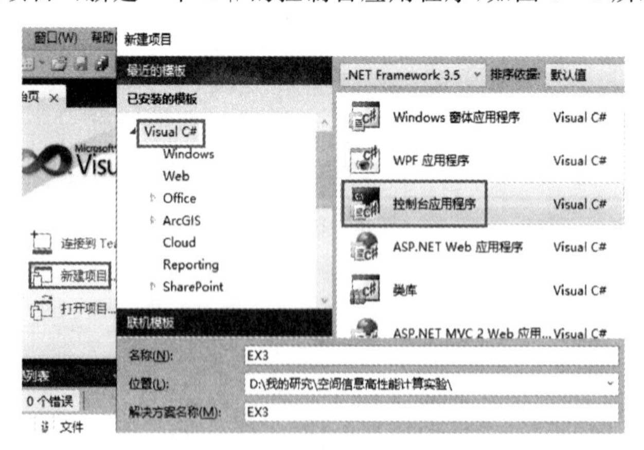

图 3－1　创建控制台应用程序

在此次实验中，需要引用如图 3－2 所示的 dll 文件，然后在 Program. cs 代码的开始处添加这些引用。另外需要使用多线程来实现并行切片，所以还要添加 using System. Threading。

```
using MapGIS.GeoMap;
using MapGIS.GeoObjects;
using MapGIS.GeoObjects.Geometry;
using System.Threading;
```

EX3
Properties
引用
MapGIS.GeoMap
MapGIS.GeoObjects

图 3－2　添加引用

2. 代码实现

首先在 Program. cs 代码的 Main 函数下，先获取地图文档。声明地图文档对象，然后使用地图文档所在的路径读取地图文档。

```
//地图文档
Document doc=new Document();
//打开地图文档
doc.Open("D:\\我的研究\\空间信息高性能计算实验\\新校区.mapx");
```

然后定义 Maps 对象来获取用 doc 打开的地图文档中的多个地图。

```
Maps maps=doc.GetMaps();
```

由于使用的地图文档中只有一个地图，使用者直接来定义一个 Map 对象取 maps 中的第一个地图。

```
Map map=maps.GetMap(0);
```

本次实验仅使用两个线程来实现空间信息的并行切片，让线程一进行从 0 级到 3 级的地图切片，线程二进行 4 级的地图切片。那么使用者来声明两个线程，并且这两个线程通过 lambda 表达式指向生成地图切片的 ToSlices 方法，在启动线程时便可以调用所指向的方法。

```
var threadOne=new Thread(()=>ToSlices(map,0,3,"D:\\我的研究\\空间信息高性能计算实验\\thread1\\"));
threadOne.Name="ThreadOne";
```

```
var threadTwo=new Thread(()=>ToSlices(map,4,4,"D:\\我的研究\\空间信息高性能计算实验\\thread2\\"));
threadTwo.Name="ThreadTwo";
```

ToSlices这个方法是使用者自己定义的，参数分别为地图、起始级别、结束级别、存储切片文件的目录路径。功能是把这个地图生成从起始级别到结束级别的各级切片，存储在这个目录路径下。那么首先声明这个静态方法ToSlices。

```
static void ToSlices(Map map,int start_level,int end_level,string URL)
{
}
```

紧接着来具体解释这个切片到底是如何生成的。首先解释这个切片的级别的概念，假设有一个地图的范围为正方形，那么0级切片便是这个正方形范围的地图。1级切片便是将这个正方形的地图平均分为4份子地图切片，2级切片便是将这个正方形的地图平均分为16份子地图切片……其实就是一个地图的第i级切片，也就是先把这个地图纠正为正方形，然后平均分为$2^i \times 2^i$份子地图，然后再将这些子地图输出为图片。明白这些之后，首先定义使用者需要用到的一些变量。

```
int i,j,k=0;//作为循环变量使用
int T_Row,T_Col=0;//总行数，总列数
double T_edge,edge=0;//总边长，每个级别的子范围的边长
string name="";//要存储的图片的名字
Rect rect=new Rect();//在地图上每个切片的矩形范围
```

因为每个地图的范围并不一定都是正方形的，要把地图范围纠正为正方形。

```
if ((map.Range.XMax - map.Range.XMin)>=(map.Range.YMax - map.Range.YMin))
{
    T_edge=map.Range.XMax - map.Range.XMin;//正方形的边长
}
else
{
    T_edge=map.Range.YMax - map.Range.YMin;//正方形的边长
}
```

接着便可以让地图生成从start_level到end_level级别的切片。在生成第i级切片的时候，我们首先在控制台输出一个信息，表明正在生成第i级切片。我们可以把每个级别切片的范围看作一个格网，这个格网每个格子大小都是相等的，格网的总行数和总列数就是2^i，那么每个小格子的边长就是地图纠正为正方形的边长除以总行数。

```
for (i=start_level;i<=end_level;i++)
{
  Console.WriteLine("正在生成第"+i.ToString()+"级的切片!");
  T_Row=Convert.ToInt32(Math.Pow(2,i));//格网的总行数
  T_Col=Convert.ToInt32(Math.Pow(2,i));//格网的总列数
  edge=T_edge / T_Row;//每个格子的边长
}
```

知道了第 i 级地图的每个切片的边长以及这个格网的总行数和总列数后，我们便可以对这一级别的每一个切片进行遍历，求出每个切片的实际的空间范围，然后将其按照这个以级别＋行号＋列号的命名规则输出为图片。

```
for (j=0;j<T_Row;j++)
{
  for (k=0;k<T_Col;k++)
  {
      rect=new Rect();
      rect.XMin=map.Range.XMin+k * edge;
      rect.YMin=map.Range.YMin+j * edge;
      rect.XMax=map.Range.XMin+(k+1) * edge;
      rect.YMax=map.Range.YMin+(j+1) * edge;
     name=i.ToString()+"_"+j.ToString()+"_"+k.ToString();
      Console.WriteLine("正在保存名字为"+name+"的图片!");
      string picURL=URL+name+".PNG";
      map.SetViewRange(rect);
      bool rtn=map.OutputToImageFile(picURL,500,500,ImgType.PNG,true,0,false);
  }
}
```

至此，ToSlices 方法编写完成。接下来便可以通过启动线程来分别执行这两个任务，实现空间信息并行切片的操作。

```
threadOne.Start();
threadTwo.Start();
```

3. 结果显示

在控制台看到有如图 3－3 所示的信息输出，由前 4 行信息可以明显地看出，地图不同级别的切片正在并行地执行着。

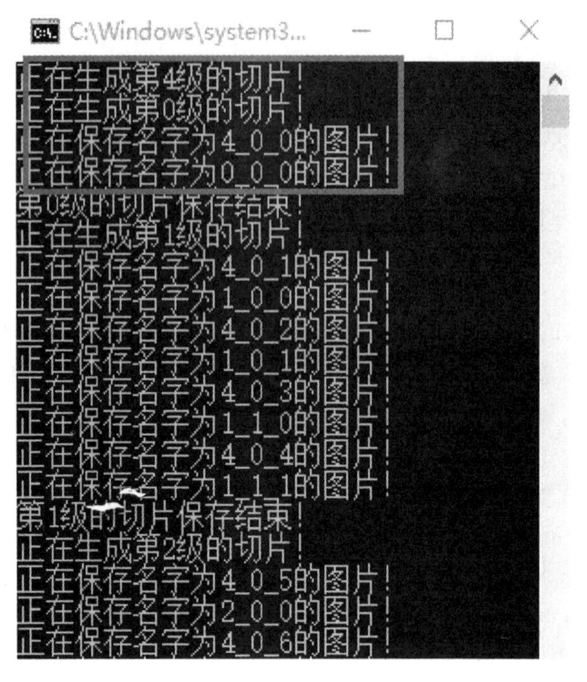

图 3－3　并行切片程序运行输出

最终生成的切片图片，如图 3－4 和图 3－5 所示。

0_0_0.PNG	2_3_0.PNG	3_1_5.PNG	3_3_6.PNG	3_5_7.PNG
1_0_0.PNG	2_3_1.PNG	3_1_6.PNG	3_3_7.PNG	3_6_0.PNG
1_0_1.PNG	2_3_2.PNG	3_1_7.PNG	3_4_0.PNG	3_6_1.PNG
1_1_0.PNG	2_3_3.PNG	3_2_0.PNG	3_4_1.PNG	3_6_2.PNG
1_1_1.PNG	3_0_0.PNG	3_2_1.PNG	3_4_2.PNG	3_6_3.PNG
2_0_0.PNG	3_0_1.PNG	3_2_2.PNG	3_4_3.PNG	3_6_4.PNG
2_0_1.PNG	3_0_2.PNG	3_2_3.PNG	3_4_4.PNG	3_6_5.PNG
2_0_2.PNG	3_0_3.PNG	3_2_4.PNG	3_4_5.PNG	3_6_6.PNG
2_0_3.PNG	3_0_4.PNG	3_2_5.PNG	3_4_6.PNG	3_6_7.PNG
2_1_0.PNG	3_0_5.PNG	3_2_6.PNG	3_4_7.PNG	3_7_0.PNG
2_1_1.PNG	3_0_6.PNG	3_2_7.PNG	3_5_0.PNG	3_7_1.PNG
2_1_2.PNG	3_0_7.PNG	3_3_0.PNG	3_5_1.PNG	3_7_2.PNG
2_1_3.PNG	3_1_0.PNG	3_3_1.PNG	3_5_2.PNG	3_7_3.PNG
2_2_0.PNG	3_1_1.PNG	3_3_2.PNG	3_5_3.PNG	3_7_4.PNG
2_2_1.PNG	3_1_2.PNG	3_3_3.PNG	3_5_4.PNG	3_7_5.PNG
2_2_2.PNG	3_1_3.PNG	3_3_4.PNG	3_5_5.PNG	3_7_6.PNG
2_2_3.PNG	3_1_4.PNG	3_3_5.PNG	3_5_6.PNG	3_7_7.PNG

图 3－4　线程一生成的切片

4_0_0.PNG	4_1_0.PNG	4_2_0.PNG	4_3_0.PNG	4_4_0.PNG	4_5_0.PNG
4_0_1.PNG	4_1_1.PNG	4_2_1.PNG	4_3_1.PNG	4_4_1.PNG	4_5_1.PNG
4_0_2.PNG	4_1_2.PNG	4_2_2.PNG	4_3_2.PNG	4_4_2.PNG	4_5_2.PNG
4_0_3.PNG	4_1_3.PNG	4_2_3.PNG	4_3_3.PNG	4_4_3.PNG	4_5_3.PNG
4_0_4.PNG	4_1_4.PNG	4_2_4.PNG	4_3_4.PNG	4_4_4.PNG	4_5_4.PNG
4_0_5.PNG	4_1_5.PNG	4_2_5.PNG	4_3_5.PNG	4_4_5.PNG	4_5_5.PNG
4_0_6.PNG	4_1_6.PNG	4_2_6.PNG	4_3_6.PNG	4_4_6.PNG	4_5_6.PNG
4_0_7.PNG	4_1_7.PNG	4_2_7.PNG	4_3_7.PNG	4_4_7.PNG	4_5_7.PNG
4_0_8.PNG	4_1_8.PNG	4_2_8.PNG	4_3_8.PNG	4_4_8.PNG	4_5_8.PNG
4_0_9.PNG	4_1_9.PNG	4_2_9.PNG	4_3_9.PNG	4_4_9.PNG	4_5_9.PNG
4_0_10.PNG	4_1_10.PNG	4_2_10.PNG	4_3_10.PNG	4_4_10.PNG	4_5_10.PNG
4_0_11.PNG	4_1_11.PNG	4_2_11.PNG	4_3_11.PNG	4_4_11.PNG	4_5_11.PNG
4_0_12.PNG	4_1_12.PNG	4_2_12.PNG	4_3_12.PNG	4_4_12.PNG	4_5_12.PNG
4_0_13.PNG	4_1_13.PNG	4_2_13.PNG	4_3_13.PNG	4_4_13.PNG	4_5_13.PNG
4_0_14.PNG	4_1_14.PNG	4_2_14.PNG	4_3_14.PNG	4_4_14.PNG	4_5_14.PNG
4_0_15.PNG	4_1_15.PNG	4_2_15.PNG	4_3_15.PNG	4_4_15.PNG	4_5_15.PNG

图 3-5　线程二生成的切片

实验四　矢量数据并行检索

一、实验目的

(1)了解 C# 多线程的基础知识。

(2)掌握利用 MapGIS 二次开发的知识,实现使用多个线程同时检索属性数据,并将结果显示到窗体上。

二、实验学时安排

2 个学时。

三、实验准备

实验平台:VS2010、MapGIS 10。

开发语言:C#。

实验数据:中国地质大学(武汉)新校区道路数据。

四、实验内容

1. 创建 Windows 窗体应用程序

参照实验二创建一个 Windows 窗体应用程序,然后配置 app. config 文件。在此次实验中,需要引用图 4-1 所示的 dll 文件,然后在 Form1 代码的开始处添加这些引用。另外需要使用多线程来实现并行检索,所以还要添加 using System. Threading。

图 4-1　添加引用

```
using MapGIS. GeoDataBase;
using MapGIS. GeoObjects. Att;
using System. Threading;
```

2. 设计 Windows 窗体

首先在窗体上添加两个 ListView 控件，用来分别显示两个线程同时检索到的图层的属性数据。添加两个 Lable 用来表示线程的显示区域，再添加一个 Button 控件，当点击时，开始执行并行检索图层。如图 4－2 所示，打开工具箱，将 Button、Lable 和 ListView 拖曳到窗体上即可。

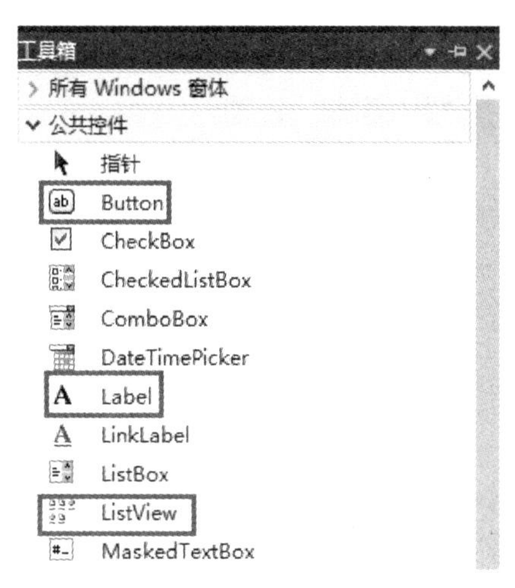

图 4－2　添加控件

然后设置这些控件的属性。将 button1 的 Text 属性改为"并行查询"，分别将 Label1、Label2 的 Text 属性改为"线程一查询结果""线程二查询结果"。然后将 ListView1、ListView2 的大小适度调整，将其 GridLines 属性改为 True，View 属性改为 Details。设计好的窗体如图 4－3 所示。

图 4－3　窗体设计

3. 代码实现

在本次实验中要实现的功能是：用线程一对图层数据的前半部分进行检索，显示检索到的属性数据在 ListView1 控件上；用线程二对图层数据的后半部分进行检索，显示检索到的属性数据在 ListView2 控件上。本次实验的数据是图层数据，是存储在数据库中的，首先打开 MapGIS，附加该数据库到 MapGISLocal，如图 4-4 所示。

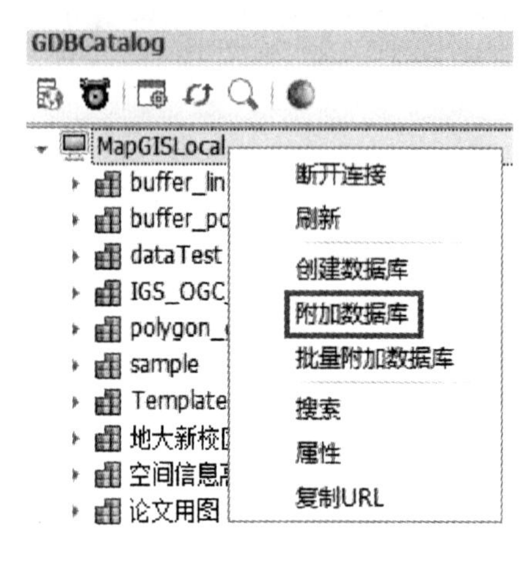

图 4-4　附加数据库

然后在 button1 的 Click 事件下编写代码，首先声明变量。

```
Server Svr=null;//定义数据源
DataBase GDB=null;//定义数据库
SFeatureCls SFCls=null;//定义简单要素类
```

实例化数据源对象，连接数据源。

```
Svr=new Server();
Svr.Connect("MapGisLocal","","");//连接数据源
```

实例化数据库对象，打开数据库。

```
GDB=new DataBase();
GDB=Svr.OpenGDB("空间信息高性能计算实验");//打开数据库
```

用 GDB 初始化简单要素类，打开 GDB 数据库中的简单要素类。

```
SFCls=new SFeatureCls(GDB);
SFCls.Open("道路",1);//打开图层
```

接着建立两个线程，这两个线程分别通过 lambda 表达式指向可以生成检索结果的 GetS-

FCls 方法。为了确保线程以安全方式访问控件，在第一行将 CheckForIllegalCrossThreadCalls 设置为 false。

```
Control.CheckForIllegalCrossThreadCalls=false;
var threadOne=new Thread(()=>GetSFCls(SFCls,ListView1,1));
threadOne.Name="ThreadOne";
var threadTwo=new Thread(()=>GetSFCls(SFCls,ListView2,2));
threadTwo.Name="ThreadTwo";
```

然后声明 GetSFCls 方法，参数分别为对应图层的简单要素类、显示结果的 ListView 控件、检索图层内的前半部分要素和后半部分要素的标志。对于第三个参数进行详细说明，如果为 1，则检索图层内的前半部分要素；如果为 2，则检索图层内的后半部分要素。

```
public void GetSFCls(SFeatureCls SFCls,ListView listView,int pre_or_next)
{
}
```

接着在这个方法内声明一些使用者需要的变量，并且将其初始化。

```
Fields Flds=null;// 属性结构类
Field Fld=null;//属性字段类，描述属性字段相关信息，如字段序号、名称、长度等信息。
Record Rcd=null;//属性记录类
Rcd=new Record();//变量初始化
Flds=new Fields();//变量初始化
```

获取图层的属性结构和属性字段的个数。

```
Flds=SFCls.Fields;
int num=Flds.Count;
```

在 ListView 控件中添加字段的名字。

```
if (num>0) FieldName("OID",listView);//在 ListView 控件第一列增加"OID"字段
//在 ListView 控件其他列增加相应的图层的属性字段
for (int i=0;i<num;i++)
{
  Fld=Flds.GetItem(i);
  string name=Fld.FieldName;
  FieldName(name,listView);
}
```

在这里用到了对的定义的一个 FieldName 方法，其参数分别为名字、ListView 控件，功能

是将名字添加到 ListView 控件中，其代码如下：

```
public void FieldName(string name,ListView listView)
{
  listView.Columns.Add(name,120,HorizontalAlignment.Center);
}
```

接着继续编写 GetSFCls 方法，声明一些使用者需要用的变量。

```
int objCount=SFCls.Count;//图层中要素的个数
int n=0;//为了获取 OID 的计数循环
long id=0;//OID
double task_count=objCount / 2;//图层中要素个数的一半
```

那么接下来便可以有一个思路来获取所需要素的 OID，根据对象的个数进行循环，若 OID 不存在，则 OID 加 1 继续循环，直到循环 objCount 次。

```
while (n<objCount)
{
  Rcd=SFCls.GetAtt(id);//取得 ID=ID.Int 的简单要素的属性
  if (Rcd==null)  //取得属性结构对象中的字段数目
  {
      id++;
      continue;
  }
  else
      n++;
  id++;
}
```

通过这个循环可以得到每个要素的 OID，通过 OID 来获得一条属性记录，从而获取每一个属性值。在这个循环中 id 就是所需要的 OID，所以接着 id++，继续在这个循环中添加代码。然后再来判断 pre_or_next 的值是 1 还是 2，如果是 1，取前半部分属性值，在 ListView 控件上显示；如果是 2，取后半部分属性值，在 ListView 控件上显示。

```
Flds=Rcd.Fields;
if (pre_or_next==1)
{
  if (n<=task_count)
  {  //获取对象的各个属性字段的值
      ListViewItem items=null;
```

```
            items=ListView.Items.Add(id.ToString());
             for (int i=0;i<num;i++)
              {
                Fld=Flds.GetItem(i);
                string name=Fld.FieldName;
                object val=Rcd.get_FldVal(name);
                ObjectVal(items,val);
              }
        }
      }
      else
      {
        if (n>task_count)
        {  //获取对象的各个属性字段的值
          ListViewItem items=null;
          items=ListView.Items.Add(id.ToString());
          for (int i=0;i<num;i++)
          {
          Fld=Flds.GetItem(i);
          string name=Fld.FieldName;
          object val=Rcd.get_FldVal(name);
          ObjectVal(items,val);
          }
        }
      }
      id++;
    }
```

至此，这个 while 循环的代码便编写结束了，但是上边的代码中用到了使用者定义的一个方法 ObjectVal，功能是将值添加到 ListView 控件中。其代码及定义如下：

```
public void ObjectVal(ListViewItem items,object val)
{
  if (val==null)
       items.SubItems.Add("");
  else
       items.SubItems.Add(val.ToString());
}
```

至此，使用者定义的 GetSFCls 方法的代码已经编写完成，可以启动线程一和线程二去实现对图层的并行检索。

```
threadOne.Start();
threadTwo.Start();
```

4. 结果显示

通过以上的代码编写，分别启动两个线程，这两个线程便同时开始工作，实现图层的并行检索，如图 4－5 所示。

Form1

并行查询

线程一查询结果

OID	mpLayer	mpLength
1	0	3827.0327592541
5	0	1271.34272359293
6	0	303.101686712389
7	0	207.712190876385
8	0	72.6443524047729
13	0	292.570892440228
14	0	353.554613790198
15	0	682.209110954189
17	0	171.210280606685
18	0	153.162378570247
19	0	187.198505246702
22	0	226.255358019279
23	0	196.029570194894
24	0	122.349083935887
25	0	29.2507276686325

线程二查询结果

OID	mpLayer	mpLength
26	0	149.600673604428
27	0	180.01575109804
28	0	458.105929913387
30	0	53.2785778269309
31	0	134.691835660772
32	0	377.392670403344
33	0	231.314137387618
34	0	248.537561550732
35	0	25.6423464433837
36	0	39.2893411384737
37	0	161.472167025447
38	0	62.2031819498995
39	0	308.395433303738
41	0	165.170782499902
42	0	65.020263204124
43	0	100.07643342517

图 4－5　结果显示

实验五　矢量数据并行统计

一、实验目的

(1)了解 C# 多线程的基础知识。

(2)掌握利用 MapGIS 二次开发的知识,实现使用多个线程同时统计矢量图层中每个要素的长度,并将结果显示到窗体上。

二、实验学时安排

2 个学时。

三、实验准备

实验平台：VS2010、MapGIS 10。

开发语言：C#。

实验数据：中国地质大学(武汉)新校区道路数据。

四、实验内容

1. 创建 Windows 窗体应用程序

参照实验二创建一个 Windows 窗体应用程序,然后配置 app. config 文件。在此次实验中,需要引用图 5-1 所示的 dll 文件,然后在 Form1 代码的开始处添加这些引用。另外需要使用多线程来实现并行统计,所以还要添加 using System. Threading。

图 5-1　添加引用

```
using MapGIS. GeoDataBase;
using System. Threading;
using MapGIS. GeoObjects. Att;
using MapGIS. GeoObjects;
using MapGIS. GeoObjects. Geometry;
```

2. 设计 Windows 窗体

首先按照实验四的方法在窗体上添加两个 ListView 控件，分别用来显示两个线程同时统计矢量图层中每个要素的长度的结果。添加两个 Lable 用来表示线程操作结果的显示区域，再添加一个 Button 控件，当点击时，开始执行并行统计矢量图层。

然后参照实验四设置这些控件的属性。将 button1 的 Text 属性改为“并行统计”，分别将 Label1、Label2 的 Text 属性改为“线程一统计结果”“线程二统计结果”。然后将 ListView1、ListView2 的大小适度调整，将其 GridLines 属性改为 True，View 属性改为 Details。

3. 代码实现

在本次实验中要实现的功能是：用线程一对矢量图层的左半部分进行检索，在 ListView1 控件上显示左半部分中每个要素的长度的结果；用线程二对矢量图层的右半部分进行检索，在 ListView2 控件上显示右半部分中每个要素的长度的结果。本次实验的数据是图层数据，是存储在数据库中的，首先打开 MapGIS，附加该数据库到 MapGISLocal，如图 5－2 所示。

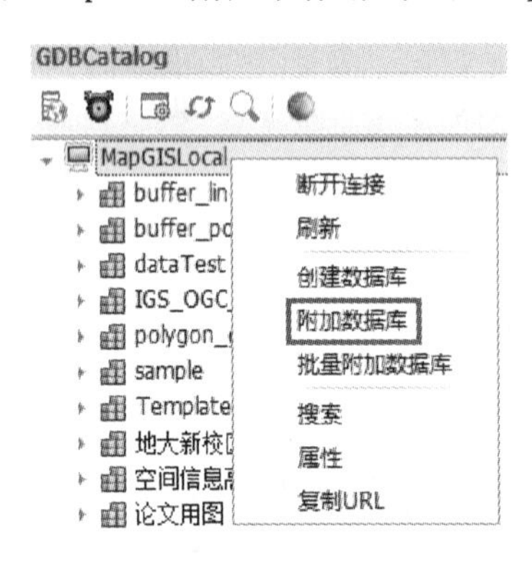

图 5－2 附加数据库

然后在 button1 的 Click 事件下编写代码，首先声明变量。

```
Server Svr=null;//定义数据源
DataBase GDB=null;//定义数据库
SFeatureCls SFCls=null;//定义简单要素类
```

实例化数据源对象，连接数据源。

```
Svr=new Server();
Svr. Connect("MapGisLocal","","");//连接数据源
```

实例化数据库对象，打开数据库。

```
GDB=new DataBase();
GDB=Svr.OpenGDB("空间信息高性能计算实验");//打开数据库
```

用 GDB 初始化简单要素类，打开 GDB 数据库中的简单要素类。

```
SFCls=new SFeatureCls(GDB);
SFCls.Open("道路",1);//打开图层
```

接着建立两个线程，这两个线程分别通过 lambda 表达式指向统计矢量图层中每个要素长度的 statistics 方法。为了确保线程以安全方式访问控件，在第一行将 CheckForIllegal-CrossThreadCalls 设置为 false。

```
Control.CheckForIllegalCrossThreadCalls=false;
var threadOne=new Thread(()=>statistics(SFCls,ListView1,1));
threadOne.Name="ThreadOne";
var threadTwo=new Thread(()=>statistics(SFCls,ListView2,2));
threadTwo.Name="ThreadTwo";
```

然后声明 statistics 方法，参数分别为对应图层的简单要素类、所显示结果的 ListView 控件、统计图层内左半部分要素和右半部分要素的标志。对第三个参数进行详细说明，如果为 1，则统计图层内的左半部分要素；如果为 2，则统计图层内的右半部分要素。

```
private void statistics(SFeatureCls resource_sfcls,ListView listView,int L_or_R)
{
}
```

接着在这个方法内声明一些使用者需要的变量，并且将其初始化。

```
RecordSet _RecordSet=null;//记录集
IGeometry _Geometry=null;//基本几何对象基类接口
QueryDef _QueryDef=new QueryDef();//查询对象类
Rect rect=new Rect();//矩形对象类型
SpaQueryMode mode=new SpaQueryMode();//空间查询模式
GeoVarLine _GeoVarLine=new GeoVarLine();//几何折线对象
GeoLines _GeoLines=new GeoLines();//几何多线对象
long oid=0;//OID
double length=0;    //要素的长度
```

我们需要对当前线程调用该方法时操作的是左边的要素还是右边的要素进行设置。思路是通过设置的 L_or_R 参数进行判断，如果为 1，那么将矩形对象设置为图层左边的矩形范

围,将空间查询模式设置为"相交查询"。如果为2,那么将矩形对象设置为图层右边的矩形范围,将空间查询模式设置为"包含查询"。这样就可以将一个图层分成左边和右边的矩形框,然后左边进行相交查询,右边进行包含查询,这样就可以刚好把整个图层的要素分成左、右两个部分,也不会造成要素的缺失和重复。

```
if (L_or_R==1)
{  //左边的矩形框
   rect.XMax=resource_sfcls.Range.XMin+
   (resource_sfcls.Range.XMax - resource_sfcls.Range.XMin) / 2;
   rect.YMax=resource_sfcls.Range.YMax;
   rect.YMin=resource_sfcls.Range.YMin;
   rect.XMin=resource_sfcls.Range.XMin;
   mode=SpaQueryMode.Intersect;//相交查询
}
else
{  //右边的矩形框
   rect.XMax=resource_sfcls.Range.XMax;
   rect.YMax=resource_sfcls.Range.YMax;
   rect.YMin=resource_sfcls.Range.YMin;
   rect.XMin=resource_sfcls.Range.XMin +
   (resource_sfcls.Range.XMax - resource_sfcls.Range.XMin) / 2;
   mode=SpaQueryMode.Contain;//包含查询
}
```

在 ListView 控件中添加字段的名字。

```
//在 ListView 控件增加"OID"和"要素的长度"字段
FieldName("OID",ListView);
FieldName("要素的长度",listView);
```

在这里用到了使用者定义的一个 FieldName 方法,其参数分别为名字、ListView 控件,功能是将名字添加到 ListView 控件中,其代码如下。

```
public void FieldName(string name,ListView listView)
{
   listView.Columns.Add(name,120,HorizontalAlignment.Center);
}
```

接着继续编写 statistics 方法,由于已设置好需要查询的范围 rect 和查询模式。首先对查询对象_QueryDef 进行初始化,然后设置查询的矩形范围和查询模式,设置完毕后便可进行查询,结果存储在记录集_RecordSet 中。

```
//将符合查询条件的要素存入 RecordSet,然后进行遍历可以得到每一个要素的信息
_QueryDef=new QueryDef();
_QueryDef.SetRect(rect,mode);
_RecordSet=resource_sfcls.Select(_QueryDef);
```

接下来定义一个布尔类型的变量,然后将这个记录集_RecordSet 的游标移动到第一个位置,如果移动成功则返回 true。

```
bool rtn;
rtn=_RecordSet.MoveFirst();
```

然后可以来判断记录集_RecordSet 的游标位置是否到了末尾,如果没有移动到最后的位置,便可以将游标移动到下一个位置,从而循环读取记录集中的每一个要素。首先获取游标所在位置的要素的几何信息、OID 和几何约束类型,然后判断当前要素是否存在几何信息,如果存在,便可以对当前要素的长度进行统计。由于选择的实验数据是线要素,线要素有折线和多线两种类型,所以需要对其类型进行判断。如果是折线 GeometryType.VarLine 类型,则首先将折线对象_GeoVarLine 进行初始化,然后将基本几何对象基类接口_Geometry 强制转换成 GeoVarLine,调用 GeoVarLine 的 CalLength 方法,便可以得到使用者想要的当前要素的长度。如果是折线 GeometryType.Lines 类型,与 VarLine 类型得到当前要素长度的方法也类似。不同之处就是,将基本几何对象基类接口_Geometry 强制转换成 GeoLines 类型。得到了当前要素的长度和 OID,便要将其显示在 ListView 控件上,然后将记录集_RecordSet 的游标移动到下一个位置。

```
while (!_RecordSet.IsEOF)
{
  _Geometry=_RecordSet.Geometry;//获取当前要素的空间信息
  oid=_RecordSet.CurrentID;//获取当前要素的 OID
  eometryType type=_Geometry.Type;//获取当前要素的几何约束类型
  if (_Geometry!=null)
  {
    switch (type)
      {
        case GeometryType.VarLine:
          {
            _GeoVarLine=new GeoVarLine();
            _GeoVarLine=_Geometry as GeoVarLine;
            length=_GeoVarLine.CalLength();
            break;
          }
        case GeometryType.Lines:
```

```
                {
                    _GeoLines=new GeoLines();
                    _GeoLines=_Geometry as GeoLines;
                    length=_GeoLines.CallLength();
                    break;
                }
            }
    }
    ListViewItem items=null;
    items=ListView.Items.Add(oid.ToString());//在 ListView 上显示 OID
    items.SubItems.Add(length.ToString());//在 ListView 上显示当前要素的长度
    rtn=_RecordSet.MoveNext();
    }
```

至此使用者定义的 statistics 方法的代码已经编写完成，可以启动线程一和线程二去实现同时统计矢量图层中每个要素长度的功能。

```
threadOne.Start();
threadTwo.Start();
```

4. 结果显示

通过以上的代码编写，分别启动两个线程，这两个线程同时开始工作，便可以同时统计矢量图层中每个要素长度。由结果可以看到，左、右两个线程进行统计要素的个数并不是完全相等的，这是由于我们是通过图层范围左、右均分的两个矩形框划分线程一和线程二的任务，左、右两边的要素本身就不均衡，所以两个线程统计要素的个数肯定不是完全相等的，如图 5-3所示。

Form1

并行统计

线程一统计结果

OID	要素的长度
1	3827.0327592541
5	1271.34272359293
6	303.101686712389
7	207.712190876385
8	72.6443524047729
15	682.209110954189
18	153.162378570247
25	29.2507276686325
26	149.600673604428
27	180.01575109804
28	458.105929913387
37	161.472167025447
39	308.395433303738
41	165.170782499902

线程二统计结果

OID	要素的长度
13	292.570892440228
14	353.554613790198
17	171.210280606685
19	187.198505246702
22	226.255358019279
23	196.029570194894
24	122.349083935887
30	53.2785778269309
31	134.691835660772
32	377.392670403344
33	231.314137387618
34	248.537561550732
35	25.6423464433837
36	39.2893411384737
38	62.2031819498995
42	65.020263204124
43	100.07643342517

图 5-3　结果显示

实验六 矢量数据并行缓冲

一、实验目的

(1)了解 C# 多线程的基础知识。

(2)掌握利用 MapGIS 二次开发的知识,实现使用多个线程同时对矢量图层进行缓冲区分析,并将结果显示到窗体上。

二、实验学时安排

2 个学时。

三、实验准备

实验平台:VS2010、MapGIS 10。

开发语言:C#。

实验数据:中国地质大学(武汉)新校区道路数据。

四、实验内容

1. 创建 Windows 窗体应用程序

按照实验一的步骤首先创建一个 Windows 窗体应用程序,然后在该项目的解决方案管理器下设置一个 app. config 文件。在此次实验中,需要引用图 6 - 1 所示的 dll 文件,然后在 Form1 代码的开始处添加这些引用。另外需要使用多线程来实现并行缓冲分析,所以还要添加 using System. Threading。

```
using MapGIS.GISControl;
using MapGIS.UI.Controls;
using MapGIS.GeoDataBase;
using MapGIS.GeoMap;
using MapGIS.GeoObjects.Geometry;
using MapGIS.GeoObjects;
using MapGIS.GeoObjects.Info;
using System.Threading;
```

图 6-1　添加引用

2. 设计 Windows 窗体

首先在窗体中添加一个 SplitContainer 控件，该控件是作为一个容器用来添加 MapGIS 的 MapControl 控件和工作空间树，具体的添加过程在窗体代码中实现。然后添加一个 Button 按钮将其 Text 属性设置为“并行生成缓冲区”，当点击这个按钮时，便可以实现并行生成缓冲区的功能了，如图 6-2 所示。

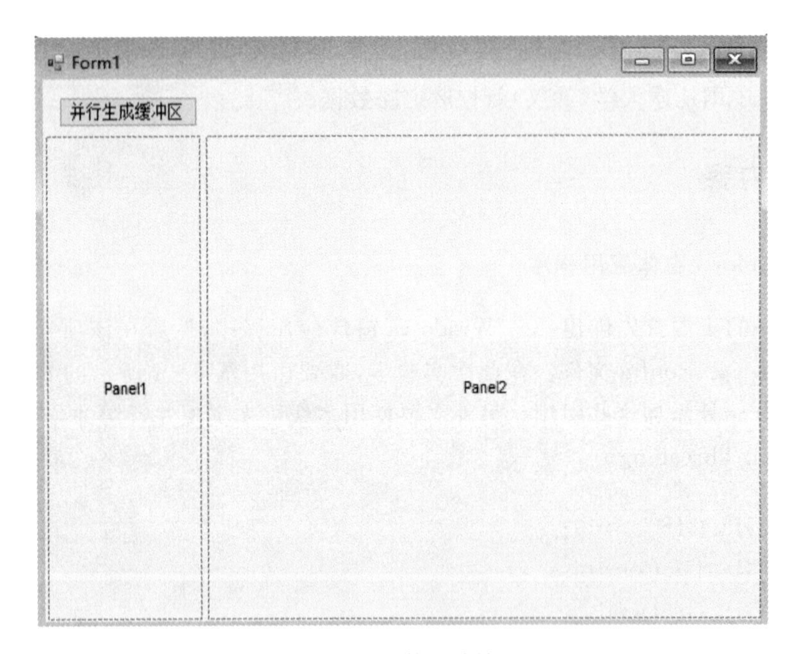

图 6-2　窗体设计结果

3. 代码实现

窗体设计完成后开始进行代码的编写，首先在程序的开始声明使用者需要的变量。

```
MapControl mapCtrl=new MapControl();//mapcontrol 控件的声明
MapWorkSpaceTree _Tree=new MapWorkSpaceTree();//工作空间树的声明
Server Svr=null;  //定义数据源
DataBase GDB=null;// 定义数据库
SFeatureCls sfcls=null;//定义简单要素类
```

然后先自定义一个初始化界面函数 initControls 来完成文档树、地图视图控件在界面上的布局。

```
public void initControls()
{
  this.splitContainer1.Panel2.Controls.Add(mapCtrl);//MapControl 控件在 Panel2 里
  mapCtrl.Width=this.splitContainer1.Panel2.Width;
  mapCtrl.Height=this.splitContainer1.Panel2.Height;
  _Tree.Dock=DockStyle.Fill;//工作空间树控件加载到 Panel1 上
  this.splitContainer1.Panel1.Controls.Add(_Tree);
}
```

然后在 Form1 窗体的方法中调用该函数。

```
public Form1()
{
  InitializeComponent();
  initControls();
}
```

接着在 Form1_Load 事件下，连接数据源，打开数据库，并且打开要做缓冲区的矢量图层。

```
Svr=new Server();
Svr.Connect("MapGisLocal","","");//连接数据源
GDB=new DataBase();
GDB=Svr.OpenGDB("空间信息高性能计算实验");//打开数据库
sfcls=new SFeatureCls(GDB);
sfcls.Open("道路",1);//打开图层
```

然后新建一个文档树。

```
//新建一个文档树
_Tree.WorkSpace.BeginUpdateTree();
_Tree.Document.Title="地图文档";
_Tree.Document.New();
```

下边首先定义一个地图类，将该地图的名字命名为新地图。然后再定义一个矢量图层类，并且将我们在上边打开的简单要素类附加到该矢量图层。再将该图层命名为简单要素类的名字，添加到地图上。

```
Map map=new Map();
map.Name="新地图";
//附加矢量图层
VectorLayer vecLayer=new VectorLayer(VectorLayerType.SFclsLayer);
vecLayer.AttachData(sfcls);
//将图层添加到地图中
vecLayer.Name=sfcls.ClsName;
map.Append(vecLayer);
```

在文档树上添加该地图，并将该地图设置为 MapConrol 的激活地图。接着复位窗口，将该地图在窗体上的 MapConrol 控件上显示出来。最后展开文档树上的所有节点，结束对文档树的更新，解除对简单要素类的附加。至此对 Form1_Load 事件下的代码编写完成了，主要就是完成了对文档树的更新，以及在 MapConrol 控件上添加要做缓冲区的简单要素类。

```
_Tree.Document.GetMaps().Append(map);
//将该地图设置为 MapConrol 的激活地图
this.mapCtrl.ActiveMap=map;
this.mapCtrl.Restore();//复位窗口
//展开所有的节点
_Tree.ExpandAll();
_Tree.WorkSpace.EndUpdateTree();
vecLayer.DetachData();//附加解除
```

接着便在 button1_Click 事件下，建立两个线程，这两个线程分别通过 lambda 表达式指向并行生成缓冲区的 Buffer 方法。为了确保线程以安全方式访问控件，在第一行将 CheckForIllegalCrossThreadCalls 设置为 false。

```
Control.CheckForIllegalCrossThreadCalls=false;
var threadOne=new Thread(()=>Buffer(sfcls,GDB,"threadOne_buffer",1));
threadOne.Name="ThreadOne";
var threadTwo=new Thread(()=>Buffer(sfcls,GDB,"threadTwo_buffer",2));
threadTwo.Name="ThreadTwo";
```

然后声明 Buffer 方法，参数分别为对应图层的简单要素类、数据库、生成缓冲区简单要素类的名字、对图层内左半部分要素和右半部分要素生成缓冲区的标志。对第四个参数进行详细说明，如果为 1，则对图层内的左半部分的要素生成缓冲区；如果为 2，则对图层内的右半部分的要素生成缓冲区。通过这个标志，便可以实现对任务的划分，从而并行生成缓冲区。

```
public void Buffer(SFeatureCls resource_sfcls,DataBase GDB,string name,int L_or_R)
{
}
```

接着在这个方法内声明一些使用者需要的变量，并且将其部分进行初始化，其他的等到用到该类的时候再进行初始化。

```
QueryDef _QueryDef=null;//查询对象类
Rect rect=null;//矩形对象类型
RecordSet _RecordSet=null;//记录集
IGeometry bufferGeometry=null;//来存储每个要素生成缓冲区的接口
IGeometry _Geometry=null;//基本几何对象基类接口
SpaQueryMode mode=null;//空间查询模式
GeoVarLine _GeoVarLine=null;//几何折线对象
GeoLines _GeoLines=null;//几何多线对象
RegInfo _RegInfo=null;//线的图形信息
rect=new Rect();
mode=new SpaQueryMode()
```

下面对当前线程调用该方法时操作的是左边的要素还是右边的要素进行设置。和实验五中的方法是一样的，都是通过 L_or_R 参数进行判断，如果为 1，将矩形对象设置为图层左边的矩形范围，将空间查询模式设置为相交查询；如果为 2，将矩形对象设置为图层右边的矩形范围，将空间查询模式设置为"包含查询"。但是相比实验五，多了一项对面的图形信息的设置，对于图层左边的要素，将面的图形信息设置成黄色。对于图层右边的要素，将面的图形信息设置成绿色。这样的目的主要是让读者看到并行的效果，当两个线程同时生成缓冲区完毕的时候，通过缓冲区的颜色，可以明显地分辨出哪些要素是相应线程完成的。

```
if (L_or_R==1)
{  //左边的矩形框
   rect.XMax=resource_sfcls.Range.XMin+
   (resource_sfcls.Range.XMax - resource_sfcls.Range.XMin) / 2;
   rect.YMax=resource_sfcls.Range.YMax;
   rect.YMin=resource_sfcls.Range.YMin;
   rect.XMin=resource_sfcls.Range.XMin;
   mode=SpaQueryMode.Intersect;//相交查询
   _RegInfo=new RegInfo();
   //设置面的图形信息
   _RegInfo.FillClr=168;//黄色
}
else
```

```
{ //右边的矩形框
  rect.XMax=resource_sfcls.Range.XMax;
  rect.YMax=resource_sfcls.Range.YMax;
  rect.YMin=resource_sfcls.Range.YMin;
  rect.XMin=resource_sfcls.Range.XMin+
  (resource_sfcls.Range.XMax - resource_sfcls.Range.XMin) / 2;
  mode=SpaQueryMode.Contain;//包含查询
  _RegInfo=new RegInfo();
  //设置面的图形信息
  _RegInfo.FillClr=376;//绿色
}
```

接着创建面简单要素类，用来存储生成缓冲区的结果。首先声明一个整型的变量用来在后边存储创建简单要素类时产生的 id，然后声明简单要素类，用 GDB 将其初始化，然后调用简单要素类的 Create 方法创建简单要素类。

```
int id=0;
//创建面简单要素类
SFeatureCls result_sfcls=null;
result_sfcls=new SFeatureCls(GDB);
id=result_sfcls.Create(name,GeomType.Reg,0,0,null);
```

设置好需要查询的范围 rect、查询模式和设置的图形信息，便可以通过这些信息来进行线程任务的分配。首先对查询对象_QueryDef 进行初始化，然后设置查询的矩形范围和查询模式，设置完毕后便可进行查询，查询结果存储在记录集_RecordSet 中。

```
//将符合查询条件的要素存入 RecordSet,然后进行遍历可以得到每一个要素的信息
_QueryDef=new QueryDef();
_QueryDef.SetRect(rect,mode);
_RecordSet=resource_sfcls.Select(_QueryDef);
```

接下来定义一个布尔类型的变量，然后将这个记录集_RecordSet 的游标移动到第一个位置，如果移动成功则返回 true。

```
bool rtn;
rtn=_RecordSet.MoveFirst();
```

接下来对记录集_RecordSet 中的每一个要素进行遍历，这个和实验五中的代码编写是类似的，只不过在实验五中获得了每个要素的几何信息之后，对其进行了长度的统计。在这里，获得了每个要素的几何信息之后，对其做缓冲区分析，然后将生成的结果添加到结果要素类中。跟实验五相同的部分不再详细阐述，重点说明不一样的地方。在将基本几何对象基类接

口_Geometry 强制转换成 GeoVarLine 之后，便可以调用 GeoVarLine 的 buffer 方法对其做缓冲区，其参数为缓冲半径。但是这个方法返回的结果是基本几何对象基类接口 IGeometry 类型的，先将之前定义的 bufferGeometry 进行初始化，然后令其接收 buffer 方法返回的结果。接着将当前要素生成的缓冲区的几何信息、当前要素的属性信息和使用者定义的面的图形信息添加到使用者定义的结果简单要素类中即可，然后将记录集中的每个要素循环完毕后，当前线程操作的要素生成缓冲区完毕。对 GeometryType. Lines 类型的要素，跟 GeometryType. VarLine 类型的类似，这里不再详细阐述。

```
while (! _RecordSet. IsEOF)
{
  _Geometry=_RecordSet. Geometry;//获取当前要素的空间信息
  GeometryType type=_Geometry. Type;//获取当前要素的几何约束类型
  if (_Geometry ! =null)
  {
    switch (type)
    {
      case GeometryType. VarLine:
      {
        _GeoVarLine=new GeoVarLine();
        _GeoVarLine=_Geometry as GeoVarLine;
        bufferGeometry=null;
        bufferGeometry=_GeoVarLine. Buffer(15,15);
        result_sfcls. Append(bufferGeometry,_RecordSet. Att,_RegInfo);
        break;
      }
    case GeometryType. Lines:
      {
        _GeoLines=new GeoLines();
        _GeoLines=_Geometry as GeoLines;
        bufferGeometry=_GeoLines. Buffer(15,15);
        result_sfcls. Append(bufferGeometry,_RecordSet. Att,_RegInfo);
        break;
      }
    }
  }
  rtn=_RecordSet. MoveNext();
}
```

接下来将生成的结果添加到地图中，然后在窗体上的 MapConrol 控件上显示出来。首先判断地图视图中有没有地图文档，如果没有，则弹框提示添加地图文档。

```
//判断地图视图中是否有处于显示状态中的地图
if(this. mapCtrl. ActiveMap==null)
{
  MessageBox. Show("请先在地图视图中显示一幅地图!!!");
  return;
}
```

首先开始更新文档树，创建一个矢量图层，将生成的缓冲区结果的简单要素类使用 VectorLayer 的 AttachData 方法附加到该矢量图层，并且令该图层的名字等于生成的缓冲区结果的简单要素类的名字。然后获取在控件中显示的当前的地图，将矢量图层 vecLayer 添加到该地图。然后将矢量图层 vecLayer 取消附加数据，将 mapCtrl 激活的地图设置成添加过矢量图层的地图，接着将其复位，在 mapCtrl 控件上显示该地图，结束对文档树的更新。

```
this. _Tree. WorkSpace. BeginUpdateTree();
//附加矢量图层
VectorLayer vecLayer=newVectorLayer(VectorLayerType. SFclsLayer);
vecLayer. AttachData(result_sfcls);
//将图层添加到地图中
vecLayer. Name=result_sfcls. ClsName;
//获取激活地图
Map activeMap=this. mapCtrl. ActiveMap;
activeMap. Append(vecLayer);
vecLayer. DetachData();
//复位
this. mapCtrl. ActiveMap=activeMap;
this. mapCtrl. Restore();
this. _Tree. WorkSpace. EndUpdateTree();
```

至此使用者定义的 Buffer 方法的代码已经编写完成，可以在 button1_Click 事件下，启动线程一和线程二去实现并行生成缓冲区的功能。

```
threadOne. Start();
threadTwo. Start();
```

4. 结果显示

通过上述代码编写，运行程序，可以看到在窗体上显示了道路图层，并且在左侧的文档树上也有道路图层的名字，因为这些操作是在窗体的 Load 事件下编写的，只要加载窗体，便会显示这些操作，如图 6-3 所示。

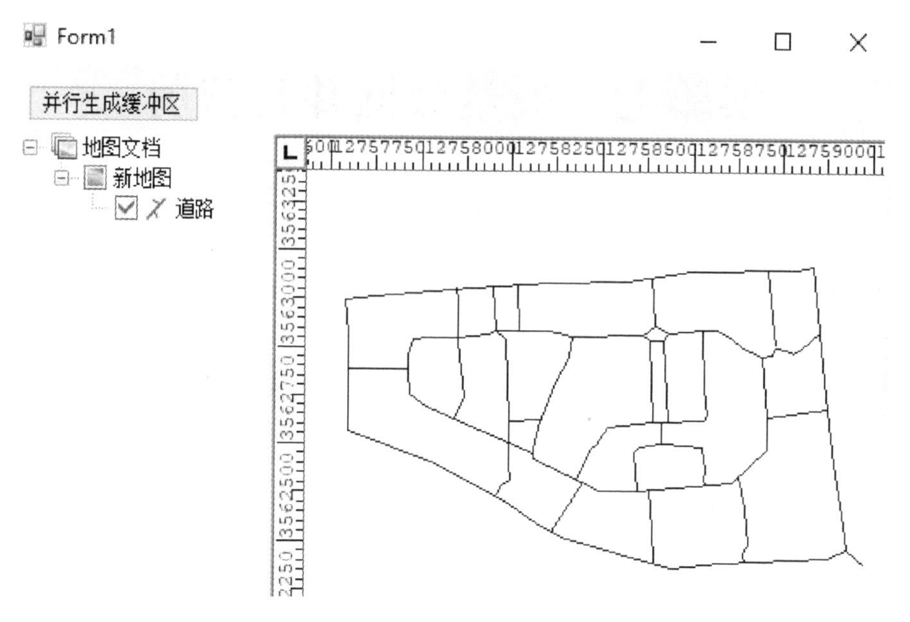

图 6-3　加载窗体

然后点击“并行生成缓冲区”按钮，分别启动两个线程，这两个线程同时开始工作，便可以并行生成缓冲区，如图 6-4 所示。

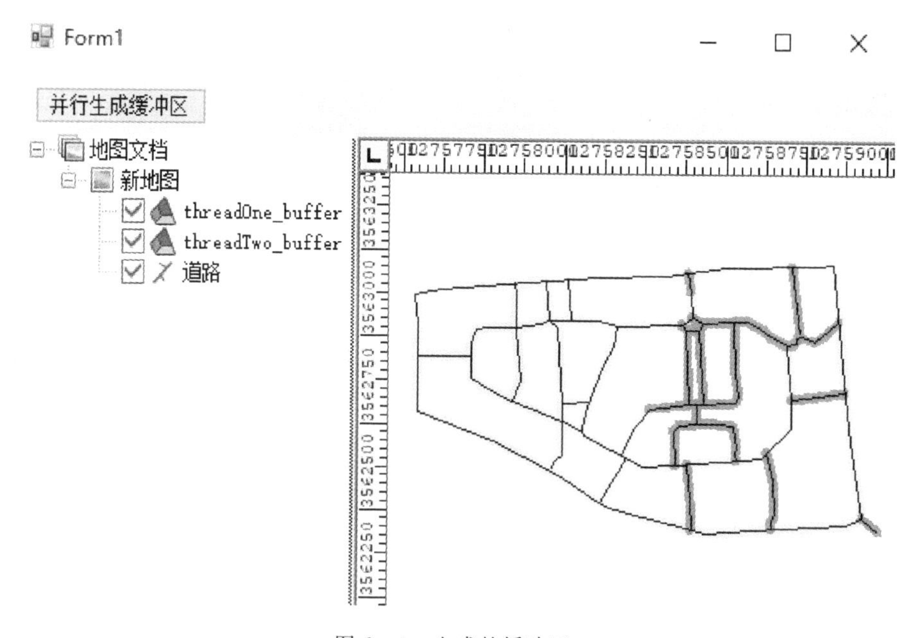

图 6-4　生成的缓冲区

实验七　矢量数据并行裁剪

一、实验目的

(1)了解 C# 多线程的基础知识。

(2)掌握利用 MapGIS 二次开发的知识,实现使用多个线程同时对矢量图层进行裁剪,并将结果显示到窗体上。

二、实验学时安排

2 个学时。

三、实验准备

实验平台:VS2010、MapGIS 10。

开发语言:C#。

实验数据:中国地质大学(武汉)新校区道路数据。

四、实验内容

1. 创建 Windows 窗体应用程序

按照实验一的步骤首先创建一个 Windows 窗体应用程序,然后在该项目的解决方案管理器下设置一个 app. config 文件。在此次实验中,需要引用图 7-1 所示的 dll 文件,然后在

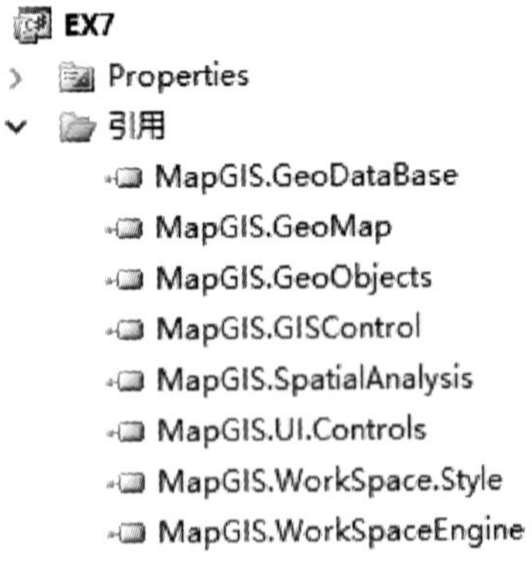

EX7
Properties
引用
MapGIS.GeoDataBase
MapGIS.GeoMap
MapGIS.GeoObjects
MapGIS.GISControl
MapGIS.SpatialAnalysis
MapGIS.UI.Controls
MapGIS.WorkSpace.Style
MapGIS.WorkSpaceEngine

图 7-1　添加引用

Form1 代码的开始处添加这些引用。另外需要使用多线程来实现并行裁剪，所以还要添加 using System. Threading。

```
using MapGIS. GeoDataBase;
using MapGIS. GeoMap;
using MapGIS. Analysis. SpatialAnalysis;
using MapGIS. GISControl;
using MapGIS. UI. Controls;
using System. Threading;
```

2. 设计 Windows 窗体

首先在窗体中添加一个 SplitContainer 控件，该控件是作为一个容器用来添加 MapGIS 的 MapControl 控件和工作空间树，具体的添加过程在窗体代码中实现。然后添加一个 Button 按钮将其 Text 属性设置为“并行裁剪”，点击这个按钮，便可以实现矢量数据的并行裁剪功能，如图 7-2 所示。

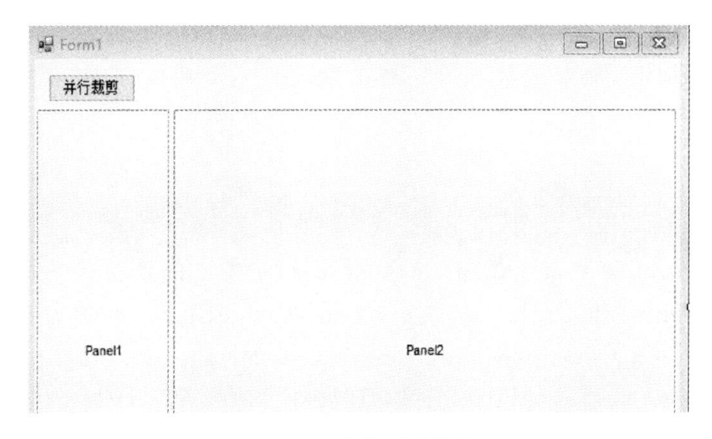

图 7-2　窗体设计结果

3. 代码实现

首先对使用者所要实现的功能和实验的数据进行说明，实验数据已先在 MapGIS 中进行了展示以便对其进行说明。使用者所要实现的功能便是，开启两个线程，线程一用矩形框 1 对道路图层进行裁剪，得到一个裁剪结果。线程二用矩形框 2 对道路图层进行裁剪，得到一个裁剪结果，并将这两个线程的裁剪结果在窗体上显示出来，如图 7-3 所示。

在程序的开始处声明使用者需要的变量。

```
MapControl mapCtrl=new MapControl();  //mapcontrol 控件的声明
MapWorkSpaceTree _Tree=new MapWorkSpaceTree();  //工作空间树的声明
Server Svr=null;  //定义数据源
DataBase GDB=null;// 定义数据库
```

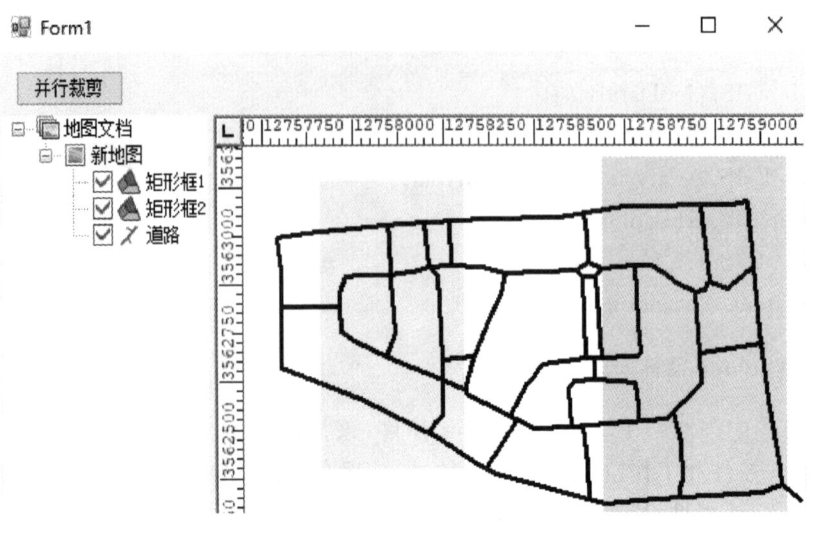

图 7-3 功能说明

先自定义一个初始化界面函数 initControls 来完成对文档树、地图视图控件在界面上的布局。

```
public void initControls()
{
    this.splitContainer1.Panel2.Controls.Add(mapCtrl);//MapControl 控件在 Panel2 里
    mapCtrl.Width=this.splitContainer1.Panel2.Width;
    mapCtrl.Height=this.splitContainer1.Panel2.Height;
    _Tree.Dock=DockStyle.Fill;//工作空间树控件加载到 Panel1 上
    this.splitContainer1.Panel1.Controls.Add(_Tree);
}
```

然后在 Form1 窗体的方法中调用该函数。

```
public Form1()
{
    InitializeComponent();
    initControls();
}
```

接着在 Form1_Load 事件下，进行文档树和初始地图文档的设置。首先创建一个文档树并且命名为地图文档，然后在地图文档下添加一个地图，并且把这个地图命名为新地图。接着将新地图设置为 MapConrol 的激活地图，刷新地图显示，并且展开所有文档树的结点。

```
//新建一个文档树
_Tree.WorkSpace.BeginUpdateTree();
_Tree.Document.Title="地图文档";
_Tree.Document.New();
//在地图文档下添加一个地图
Map map=new Map();
map.Name="新地图";
_Tree.Document.GetMaps().Append(map);
//将该地图设置为 MapConrol 的激活地图
this.mapCtrl.ActiveMap=map;
this.mapCtrl.Restore();
//展开所有的节点
_Tree.ExpandAll();
_Tree.WorkSpace.EndUpdateTree();
```

接着在 button1_Click 事件下,连接数据源,打开数据库。

```
Svr=new Server();
Svr.Connect("MapGisLocal","","");//连接数据源
GDB=new DataBase();
GDB=Svr.OpenGDB("空间信息高性能计算实验")  //打开数据库
```

在打开数据库后,声明 3 个简单要素类,使用数据库对其进行初始化,然后打开道路、矩形框 1 和矩形框 2 三个本次实验所需要的矢量图层。

```
SFeatureCls cliped_sfcls=null;
SFeatureCls clip_sfcls1=null;
SFeatureCls clip_sfcls2=null;
cliped_sfcls=new SFeatureCls(GDB);
clip_sfcls1=new SFeatureCls(GDB);
clip_sfcls2=new SFeatureCls(GDB);
cliped_sfcls.Open("道路",1);
clip_sfcls1.Open("矩形框 1",1);
clip_sfcls2.Open("矩形框 2",1);
```

创建线程一的裁剪结果的简单要素类,将其命名为 thread1_clip,该简单要素类的类型为被裁剪的简单要素类的类型。

```
//创建结果简单要素类
SFeatureCls ResultSFeatureCls1=new SFeatureCls(GDB);
int id=ResultSFeatureCls1.Create("thread1_clip",cliped_sfcls.GeomType,0,0,null);
```

接着创建线程二的裁剪结果的简单要素类，将其命名为 thread2_clip，该简单要素类的类型为被裁减的简单要素类的类型。

```
//创建结果简单要素类
SFeatureCls ResultSFeatureCls2=new SFeatureCls(GDB);
id=ResultSFeatureCls2. Create("thread2_clip",cliped_sfcls. GeomType,0,0,null);
```

然后建立两个线程，这两个线程分别通过 lambda 表达式指向并行裁剪的 Clip 方法。为了确保线程以安全方式访问控件，在第一行将 CheckForIllegalCrossThreadCalls 设置为 false。

```
Control. CheckForIllegalCrossThreadCalls=false;
var threadOne=new Thread(()=>Clip(cliped_sfcls,clip_sfcls1,ResultSFeatureCls1));
threadOne. Name="ThreadOne";
var threadTwo =new Thread(()=>Clip(cliped_sfcls,clip_sfcls2,ResultSFeatureCls2));
threadTwo. Name="ThreadTwo";
```

然后声明 Clip 方法，参数分别为被裁剪的简单要素类、裁剪的简单要素类、存储裁剪结果的简单要素类。

```
public void Clip(SFeatureCls cliped_sfcls,SFeatureCls clip_sfcls,
SFeatureCls ResultSFeatureCls)
{
}
```

在这个方法内首先定义一个空间分析类，并将其初始化。

```
//空间分析类
SpatialAnalysis SpaAnalysis=null;
SpaAnalysis=new SpatialAnalysis();
```

然后定义一个布尔型变量，去接收裁剪成功与否的信息。定义裁剪分析的容差半径为 0.000 1。

```
bool rtn=false;
//设置容差半径
SpaAnalysis. Tolerance=0. 000 1;
```

声明一个空间叠加/裁剪的参数类，并将其初始化。设定裁剪的类型为内裁，然后调用空间分析类 SpaAnalysis 的 Clip 方法进行裁剪，如果裁剪成功则返回 true，裁剪失败则返回 false。

```
SPOverlayOption Option=new SPOverlayOption();
Option. OverlayType=OverlayType. Ovly_InClip;
rtn=SpaAnalysis. SP_Clip(cliped_sfcls,clip_sfcls,ResultSFeatureCls,Option);
```

当前线程的裁剪分析已经完成，接下来便将裁剪的结果添加到地图中，然后在窗体上的MapConrol控件上显示出来。所以首先判断地图视图中有没有地图文档，如果没有，则弹框提示添加地图文档。

```
//判断地图视图中是否有处于显示状态中的地图
if(this.mapCtrl.ActiveMap==null)
{
  MessageBox.Show("请先在地图视图中显示一幅地图!!!");
  return;
}
```

接着需要创建矢量图层，把结果简单要素类添加到矢量图层中，然后创建一个地图附加该矢量图层，并将其在文档树和mapCtrl控件上显示出来。详细说明在实验六中有叙述，不再赘述，代码如下所示。

```
this._Tree.WorkSpace.BeginUpdateTree();
//附加矢量图层
VectorLayer vecLayer=new VectorLayer(VectorLayerType.SFclsLayer);
vecLayer.AttachData(ResultSFeatureCls);
//将图层添加到地图中
vecLayer.Name=ResultSFeatureCls.ClsName;
//获取激活地图
Map activeMap=this.mapCtrl.ActiveMap;
activeMap.Append(vecLayer);
vecLayer.DetachData();
//复位
this.mapCtrl.ActiveMap=activeMap;
this.mapCtrl.Restore();
this._Tree.WorkSpace.EndUpdateTree();
```

至此使用者定义的Clip方法的代码已经编写完成，可以在button1_Click事件下，启动线程一和线程二去实现并行裁剪的功能。

```
threadOne.Start();
threadTwo.Start();
```

4. 结果显示

通过以上的代码编写，运行程序，点击“并行裁剪”按钮，便可以得到运行结果，如图7-4所示。

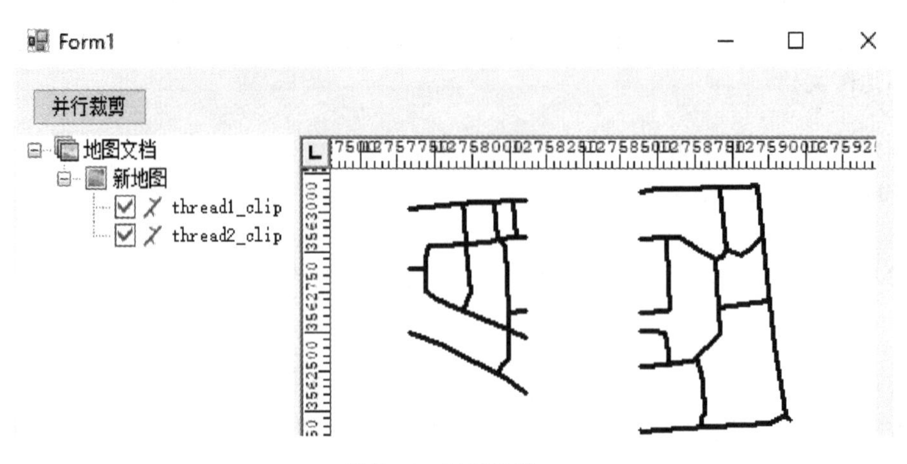

图 7-4　运行结果一

然后鼠标右键点击新地图，左键点击“添加图层”，将矩形框 1 和矩形框 2 添加进来，可以明显地看到刚好是矩形框 1 和矩形框 2 中分布的道路，如图 7-5 所示。

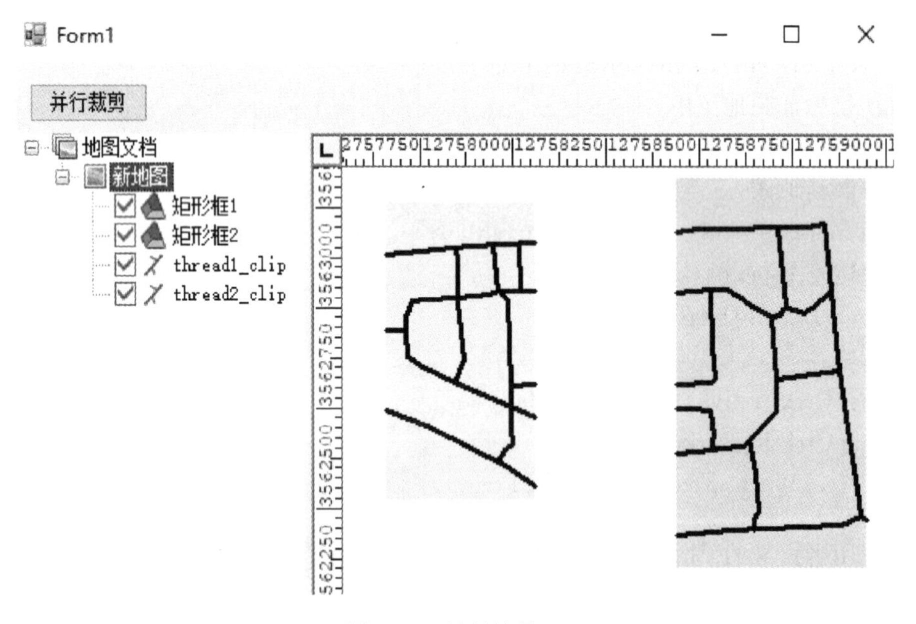

图 7-5　运行结果二

实验八　矢量数据并行叠加

一、实验目的

(1)了解 C#多线程的基础知识。

(2)掌握利用 MapGIS 二次开发的知识,实现使用多个线程同时对矢量图层进行叠加分析,并将结果显示到窗体上。

二、实验学时安排

2 个学时。

三、实验准备

实验平台:VS2010、MapGIS 10。

开发语言:C#。

实验数据:中国地质大学(武汉)新校区道路数据。

四、实验内容

1. 创建 Windows 窗体应用程序

参考实验七创建一个空窗体程序,添加与空间分析操作相关的 DLL 引用。

2. 设计 Windows 窗体

首先在窗体中添加一个 SplitContainer 控件,该控件是作为一个容器用来添加 MapGIS 的 MapControl 控件和工作空间树,具体的添加过程在窗体代码中实现。然后添加一个 Button 按钮将其 Text 属性设置为“并行叠加”,如图 8-1 所示。点击这个按钮,便可以实现矢量数据的并行叠加功能了。

3. 代码实现

首先对使用者所要实现的功能和实验的数据进行说明,此次实验与实验七的代码和功能类似,只不过一个实现裁剪,一个实现叠加功能。所以采用和实验七同样的数据,叠加类型设置为相交,这样进行叠加得到的结果跟在实验七的结果是一样的,但是使用空间分析的方法不同。线程一用道路与矩形框 1 进行相交叠加,线程 2 用道路与矩形框 2 进行相交叠加。

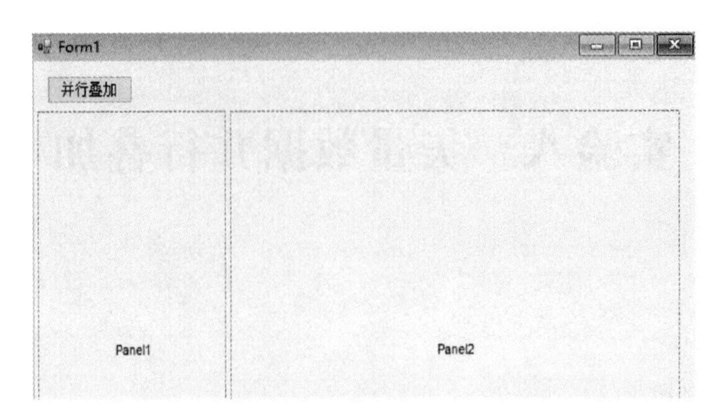

图 8-1 窗体设计结果

在程序的开始声明使用者需要的变量。

```
MapControl mapCtrl=new MapControl()；  //mapcontrol 控件的声明
MapWorkSpaceTree _Tree=new MapWorkSpaceTree()；  //工作空间树的声明
Server Svr=null；  //定义数据源
DataBase GDB=null;// 定义数据库
```

然后参考实验七先自定义一个初始化界面函数 initControls 来完成文档树、地图视图控件在界面上的布局。接着在 Form1_Load 事件下，进行文档树和初始地图文档的设置。首先创建一个文档树并且命名为地图文档，然后在地图文档下添加一个地图，并且把这个地图命名为新地图。接着将新地图设置为 MapConrol 的激活地图，刷新地图显示，并且展开所有文档树的结点。在 button1_Click 事件下，连接数据源，打开数据库。

在打开数据库后，声明 3 个简单要素类，使用数据库对其进行初始化，然后打开道路、矩形框 1 和矩形框 2 三个本次实验所需要的矢量图层。

```
SFeatureCls sfcls=null;
SFeatureCls overlay_sfcls1=null;
SFeatureCls overlay_sfcls2=null;
sfcls=new SFeatureCls(GDB);
overlay_sfcls1=new SFeatureCls(GDB);
overlay_sfcls2=new SFeatureCls(GDB);
sfcls.Open("道路",1);
overlay_sfcls1.Open("矩形框 1",1);
overlay_sfcls2.Open("矩形框 2",1);
```

创建线程一的叠加结果的简单要素类，将其命名为 thread1_overlay，该简单要素类的类型为被叠加的简单要素类的类型。

```
//创建结果简单要素类
SFeatureCls ResultSFeatureCls1=new SFeatureCls(GDB);
int id=ResultSFeatureCls1.Create("thread1_overlay",sfcls.GeomType,0,0,null);
```

创建线程二的叠加结果的简单要素类，将其命名为 thread2_overlay，该简单要素类的类型为被叠加的简单要素类的类型。

```
//创建结果简单要素类
SFeatureCls ResultSFeatureCls2=new SFeatureCls(GDB);
id=ResultSFeatureCls2.Create("thread2_overlay",sfcls.GeomType,0,0,null);
```

然后建立两个线程，这两个线程分别通过 lambda 表达式指向并行叠加的 Overlay 方法。在第一行将 CheckForIllegalCrossThreadCalls 设置为 false，是为了确保线程以安全方式访问控件。

```
Control.CheckForIllegalCrossThreadCalls=false;
var threadOne=new Thread(()=>Overlay(sfcls,overlay_sfcls1,ResultSFeatureCls1));
threadOne.Name="ThreadOne";
var threadTwo =new Thread(()=>Overlay(sfcls,overlay_sfcls2,ResultSFeatureCls2));
threadTwo.Name="ThreadTwo";
```

然后声明 Overlay 方法，参数分别为被叠加的简单要素类、叠加的简单要素类、存储叠加结果的简单要素类。

```
public void Overlay(SFeatureCls SFeatureCls,SFeatureCls OverlaySFeature,
SFeatureCls ResultSFeatureCls)
{
}
```

接着在这个方法内首先定义一个空间分析类和空间叠加/裁剪的参数类，并将其初始化。

```
SpatialAnalysis SpaAnalysis=null;//空间分析类
SPOverlayOption OverOption=null;//空间叠加/裁剪的参数类
//变量初始化
SpaAnalysis=new SpatialAnalysis();
OverOption=new SPOverlayOption();
```

然后设置叠加的类型为相交叠加，设置叠加分析的容差半径为 0.000 1。

```
//设置叠加参数
OverOption.OverlayType=OverlayType.Ovly_Inter;
//设置容差半径
SpaAnalysis.Tolerance=0.0001;
```

调用空间分析类 SpaAnalysis 的 SP_Overlay 方法进行叠加分析，如果叠加分析成功则返回 true，叠加分析失败则返回 false。

```
//叠加分析
bool rtn=SpaAnalysis.SP_Overlay(SFeatureCls,OverlaySFeature,ResultSFeatureCls,
OverOption);
```

当前线程的叠加分析已经完成，接下来便将叠加的结果添加到地图类中，然后在窗体上的 MapConrol 控件上显示出来。所以首先判断地图视图中有没有地图文档，如果没有，则弹框提示添加地图文档。

```
//判断地图视图中是否有处于显示状态中的地图
if(this.mapCtrl.ActiveMap==null)
{
  MessageBox.Show("请先在地图视图中显示一幅地图!!!");
  return;
}
```

接着需要创建矢量图层，把结果简单要素类添加到矢量图层中，然后创建一个地图，附加该矢量图层，并将其在文档树和 mapCtrl 控件上显示出来。详细说明在实验六中有叙述，不再赘述，代码如下所示。

```
this._Tree.WorkSpace.BeginUpdateTree();
//附加矢量图层
VectorLayer vecLayer=new VectorLayer(VectorLayerType.SFclsLayer);
vecLayer.AttachData(ResultSFeatureCls);
//将图层添加到地图中
vecLayer.Name=ResultSFeatureCls.ClsName;
//获取激活地图
Map activeMap=this.mapCtrl.ActiveMap;
activeMap.Append(vecLayer);
vecLayer.DetachData();
//复位
this.mapCtrl.ActiveMap=activeMap;
this.mapCtrl.Restore();
this._Tree.WorkSpace.EndUpdateTree();
```

至此使用者定义的 Overlay 方法的代码已经编写完成，在 button1_Click 事件下，可以启动线程一和线程二去实现并行叠加的功能。

```
threadOne.Start();
threadTwo.Start();
```

4. 结果显示

运行程序,点击"并行叠加"按钮,便可以得到运行结果。从显示结果来看,与实验七裁剪得到的结果是一样的,这样的结果就是正确的,因为使用的是与实验七一样的实验数据,并且是进行的相交叠加,效果和实验七的结果是一样的,如图 8-2 所示。

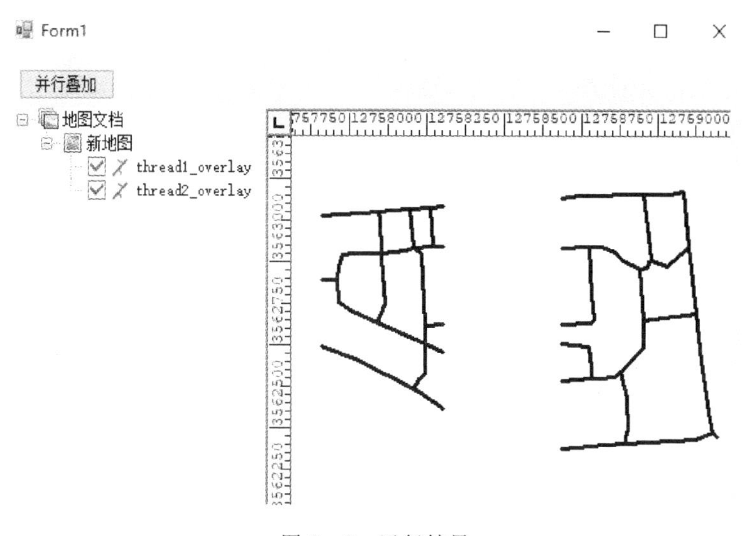

图 8-2　运行结果

实验九　栅格数据并行查询

一、实验目的

(1)了解栅格数据并行查询一般基本流程。
(2)掌握栅格数据查询的实现过程。

二、实验学时安排

2 个学时。

三、实验准备

实验平台:VS2010、MapGIS 10。
开发语言:C#。
实验数据:中国地质大学(武汉)新校区卫星影像图片。

四、实验内容

1. 导入栅格影像数据到数据库

(1)打开 MapGIS10 桌面端,选择 sample 数据库里的空间数据,鼠标右键点击空间数据下的栅格数据文件夹,选择下拉列表"导入"工具,然后单击选择"栅格文件",如图 9-1 所示。

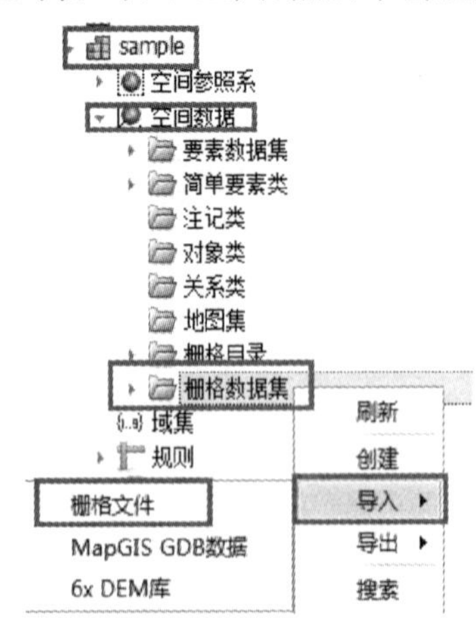

图 9-1　导入栅格数据

(2)点击“栅格文件”后,会弹出一个对话框,然后点击对话框上的“+”号按钮,选择需要导入的栅格数据,然后点击“转换”按钮,如图 9-2 所示。

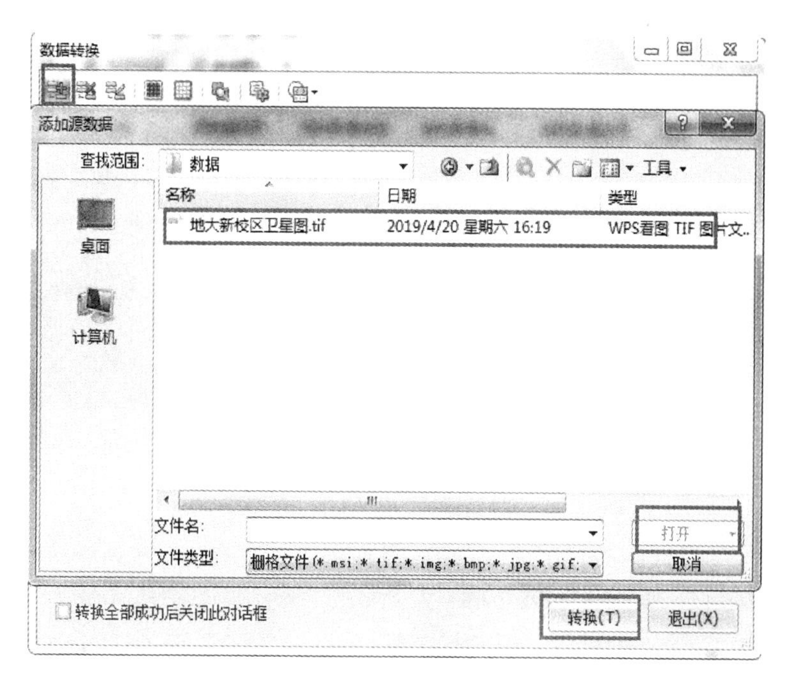

图 9-2　选择导入的栅格数据

(3)在栅格数据集文件夹中,查看刚才已经导入的数据,如果存在于文件夹列表中,则导入成功,如图 9-3 所示。

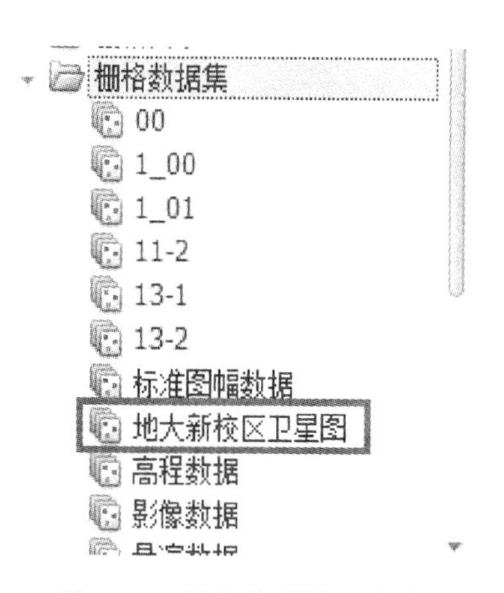

图 9-3　栅格数据导入成功

2. 创建控制台应用程序

(1)打开 VS2010,点击“文件”—“新建”—“项目”,如图 9-4 所示。

(2)选择 Visual C# 控制台应用程序 pro1,并设置名称和存放位置,如图 9-5 所示。

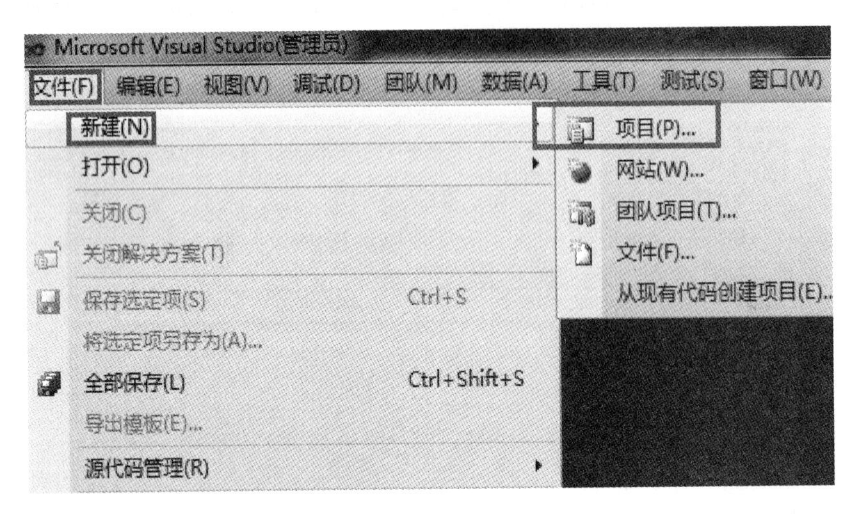

图 9－4　新建项目

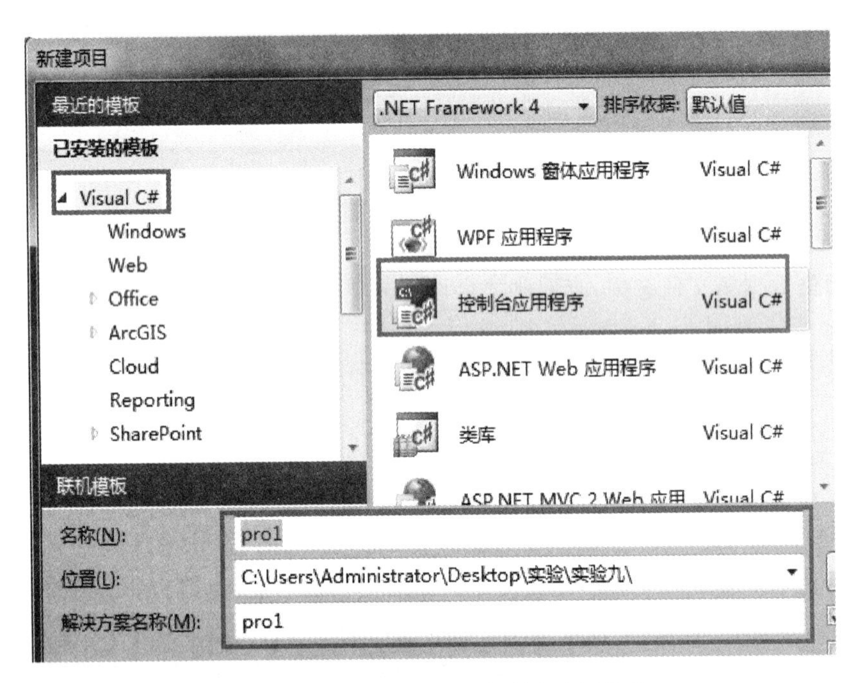

图 9－5　创建 Visual C＃ 控制台应用程序

(3)应用程序创建成功，开始编写栅格数据查询的功能代码。首先在引用中添加相关引用，在解决方案 pro1 中右键单击“引用”，在下拉列表选择添加“引用”，在添加引用的对话框中选择浏览那一栏，查找范围选择 MapGIS 安装目录下的 Program 文件夹，在文件夹里找到 MapGIS. DependLibrary. dll、MapGIS. GeoMap. dll、MapGIS. GeoObjects. dll、MapGIS. GIS-Control. dll、MapGIS. RasAnalysis. dll 这几个 dll 文件，点击“确定”添加，在引用列表里如果能找到这几个引用，表明引用添加成功，如图 9－6 所示。

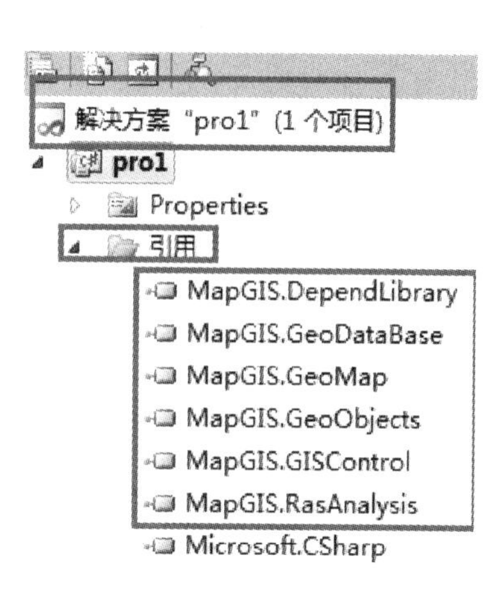

图 9－6　添加引用

(4)引用添加完成后，在 Program.cs 文件开始添加 using MapGIS.GeoDataBase、using MapGIS.GeoDataBase.GeoRaster 程序集，如图 9－7 所示。

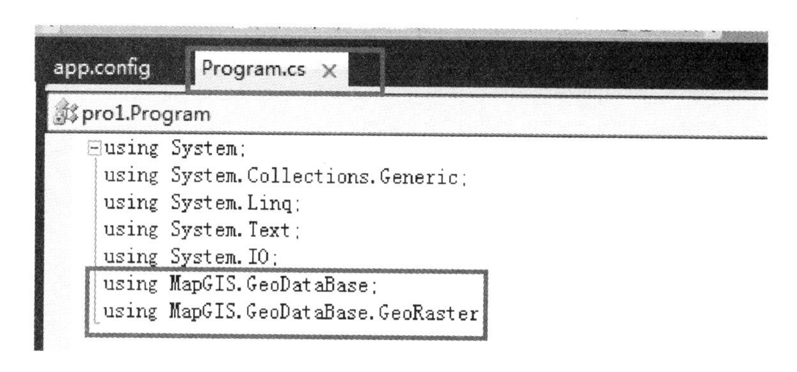

图 9－7　添加程序集

(5)开始编写查询功能代码，首先在 Program 类里面声明一个方法 getPixel，注意不是在 Main 函数里面，方法如下：

```
class Program
    {
        static void Main(string[] args)
        {
        }
        public void getPixel()
        {
        }
    }
```

在方法 getPixel 里面实例化所需要的类，定义所需要的变量。

```
RasterDataSet cRasDataSet=null;//栅格数据集
RasterBand band=null;//波段
DataBase database=null;//数据库
Server srv=new Server();//服务类
bool rtn=false;//判断栅格数据集是否打开
int height=0;//行数
int width=0;//列数
double val=0;//像元值
```

通过 Server 类的 Connect 方法连接 MapGISLocal 数据源，连接成功后，调用 Server 类的 OpenGDB 方法打开 sample 数据库，目的是要找到步骤 1 中使用者所存放的栅格数据，如下：

```
srv.Connect("MapGISLocal","","");//连接数据源
database=srv.OpenGDB("sample");//打开数据库
```

获取 sample 数据库的栅格数据集，并打开栅格数据，如下：

```
cRasDataSet=new RasterDataSet(database);//获取栅格数据集
rtn=cRasDataSet.Open("地大新校区卫星图",RasAccessType.RasAccessType_Update);
```

通过文件流的方式在本地创建文本文件，用来保存查询返回的数据，如下：

```
//文件流
FileStream fs=new FileStream("C:\\Users\\Administrator\\Desktop\\实验\\实验九\\txt\\1-0.txt",System.IO.FileMode.Create,FileAccess.Write);
treamWriter sw=new StreamWriter(fs);//文件写入流
```

在获取到 sample 数据库中的栅格数据集后，首先需要判断栅格数据集是否打开成功，如下：

```
if (rtn)
{
}
else
{
    Console.WriteLine("栅格数据集打开失败");
}
```

在栅格数据集打开成功后，使用 RasterDataSet 类的 Height 属性获取栅格数据的行数，使用 RasterDataSet 类的 Width 属性获取栅格数据的列数，使用 RasterDataSet 类的 band 属性获取栅格数据集的波段，使用 RasterDataSet 类的 OpenPyramidLayer 方法打开栅格数据金字塔，如下：

```
height=cRasDataSet.Height;//获取栅格数据集的行数
width=cRasDataSet.Width;//获取栅格数据集的列数
band=cRasDataSet.GetRasterBand(1);//获取栅格数据集的一个波段
bool flg=cRasDataSet.OpenPyramidLayer(1);//打开栅格数据金字塔
```

然后通过行数和列数，使用 RasterBand 类的 GetPixel 方法来查询像元值，并保存在本地文本文件里。分两个进程对栅格数据进行查询，所以每个进程只需查询一半，因此把行数分成两部分，一个进程只需查询其中的一部分，即每个进程都是 height /2 行，width 列，如下：

```
for (int i=0;i<height/2;i++)
{
  for (int j=0;j<width;j++)
    {
      val=band.GetPixel(j,i);//获取像元值
      Console.WriteLine(i+","+val);//控制台输出
      str=i +","+j+","+val;
      sw.WriteLine(str);//将行号、列号和对应的像元值按行写入本地的文本文件
    }
}
```

在所有像元值查询完毕后，关闭文件流，关闭栅格数据集，关闭数据库，断开服务连接。

```
sw.Close();//关闭文件流
cRasDataSet.Close();//关闭栅格数据集
database.Close();//关闭数据库
srv.DisConnect();//断开服务连接
```

最后在 Main 函数中调用方法，第一个进程的代码编写完毕，如下：

```
static void Main(string[] args)
{
     Program P=new Program();
     P.getPixel();
}
```

(6)在 VS2010 里再新建一个控制应用程序 pro2，方法同上，因为两个进程所实现的功能是一样的，所以两个控制台应用程序的代码也是一样的，只是它们所遍历的行号范围不一样，只需把原来的(i=0,i<height/2,i++)改为(i=height/2,i<height,i++)，并把输出文本文件的文件名改一下，如下：

```
for (int i=height/2;i<height;i++)
{
  for (int j=0;j<width;j++)
    {
      val=band.GetPixel(j,i);//获取像元值
      Console.WriteLine(i+","+val);//控制台输出
      str=i +","+j+","+val;
      sw.WriteLine(str);//将行号、列号和对应的像元值按行写入本地的文本文件
    }
}

FileStream fs=new FileStream("C:\\Users\\Administrator\\Desktop\\实验\\实验九\\txt\\1-1.txt",System.IO.FileMode.Create,FileAccess.Write);
```

3. 创建窗体程序

(1)打开 VS2010,点击“文件”—“新建”—“项目”,如图 9-8 所示。

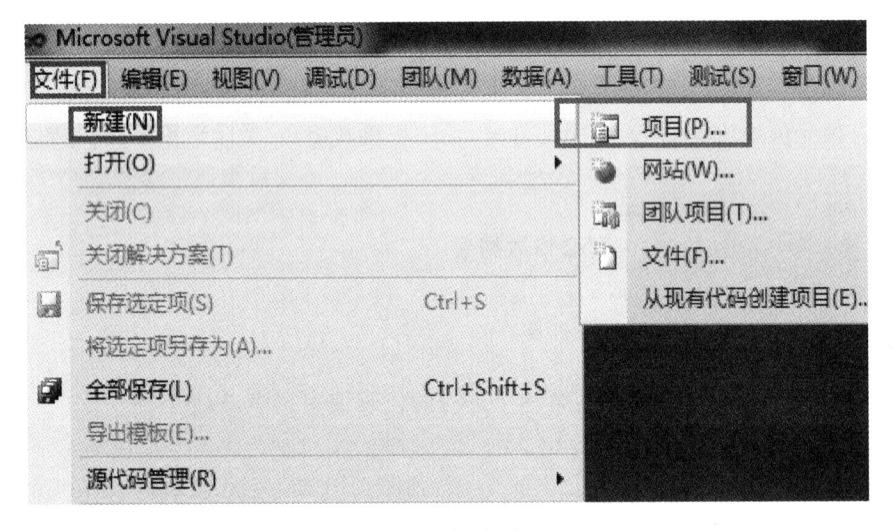

图 9-8 新建项目

(2)选择 Visual C# Windows 窗体应用程序,并设置名称和存放位置,如图 9-9 所示。

(3)创建成功后,从工具箱中向 Form1.cs[设计]窗口中拖入一个 Button 控件,并修改其 Text 属性为“查询”,如图 9-10 所示。

(4)从工具箱中向 Form1.cs[设计]窗口中拖入 3 个 dataGridView 控件,用于展示查询的结果,如图 9-11 所示。

(5)为 Button 添加 Click 事件,选中 Button,在属性里选择 Click 事件,在 Click 一栏中双击添加事件处理函数,如图 9-12 所示。

图 9－9　新建窗体应用程序

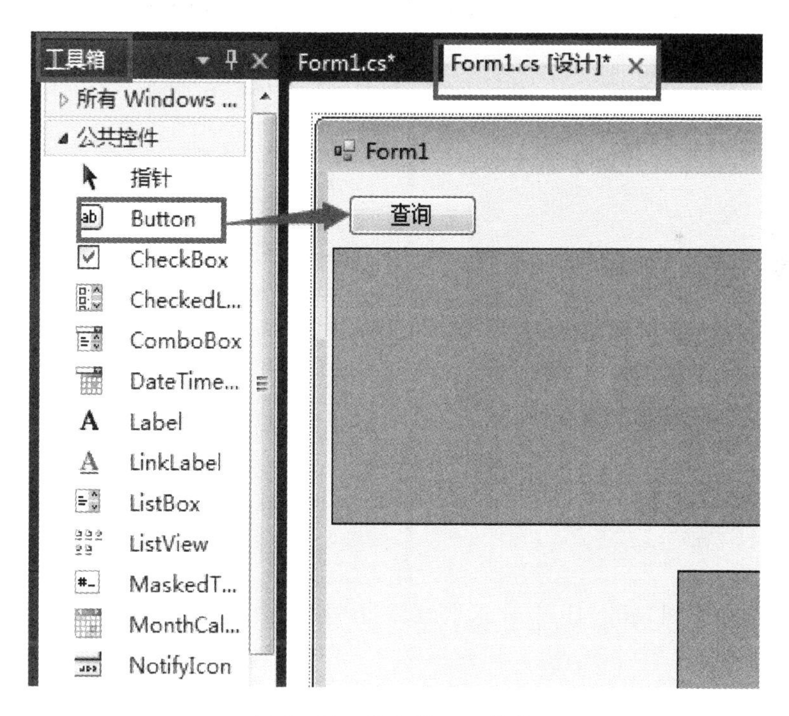

图 9－10　拖入 Button 控件

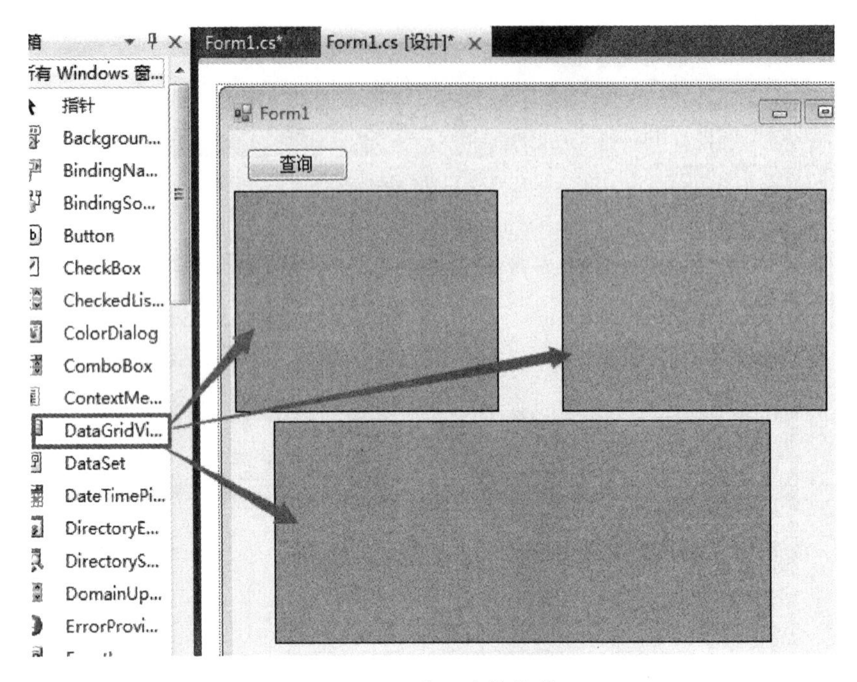

图 9－11　拖入表格控件

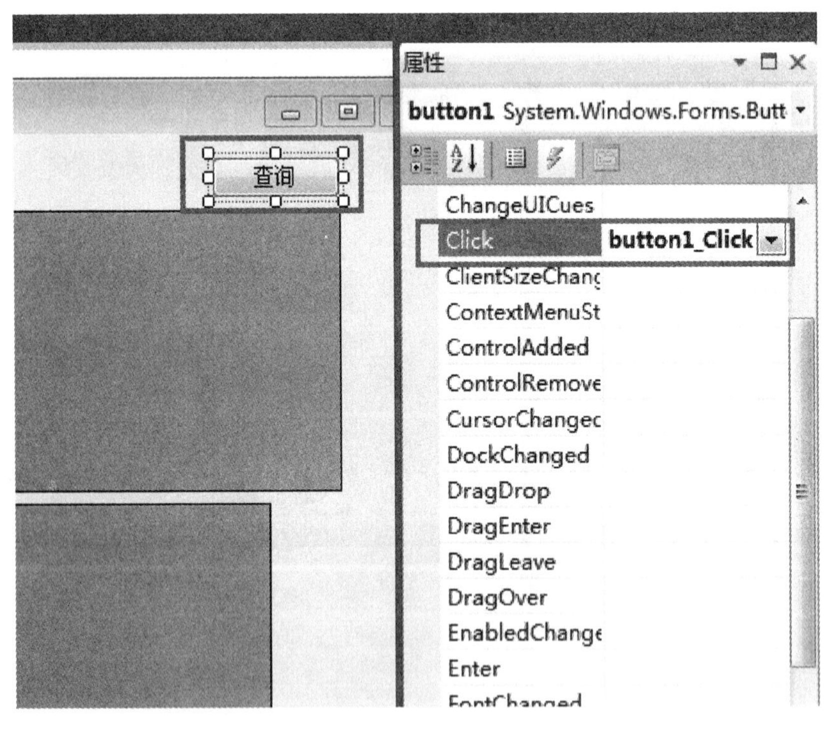

图 9－12　添加单击事件

(6)选中 Button 按钮,右键点击"查看代码",如图 9-13 所示。

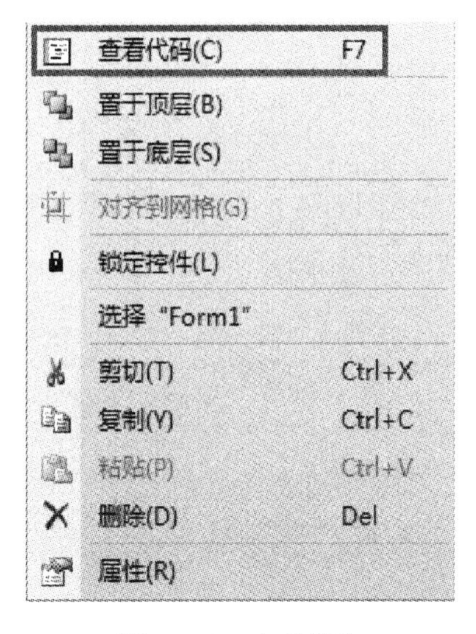

图 9-13　查看代码

(7)在 Button 的 Click 事件里添加启动"创建控制台应用程序"一节中所创建的应用程序的相关代码。

首先,实例化两个 Process 类作为两个进程,并设置其启动路径等,启动路径就是在"创建控制台应用程序"中所创建的应用程序 Debug 目录下的 pro1.exe 和 pro2.exe,如下:

```
//实例化 p 进程
Process p=new Process();
//设置要启动的应用程序
p.StartInfo.FileName="C:\\Users\\Administrator\\Desktop\\实验\\实验九\\pro1
\\pro1\\bin\\Debug\\pro1.exe";
//是否使用操作系统 shell 启动
p.StartInfo.UseShellExecute=false;
// 接收来自调用程序的输入信息
p.StartInfo.RedirectStandardInput=true;
//输出信息
p.StartInfo.RedirectStandardOutput=true;
// 输出错误
p.StartInfo.RedirectStandardError=true;
//不显示程序窗口
p.StartInfo.CreateNoWindow=true;
//实例化 p1 进程
Process p1=new Process();
//设置要启动的应用程序
p1.StartInfo.FileName="C:\\Users\\Administrator\\Desktop\\实验\\实验九\\pro2
```

```
\\pro2\\bin\\Debug\\pro2.exe";
    //是否使用操作系统 shell 启动
    p1.StartInfo.UseShellExecute=false;
    // 接收来自调用程序的输入信息
    p1.StartInfo.RedirectStandardInput=true;
    //输出信息
    p1.StartInfo.RedirectStandardOutput=true;
    // 输出错误
    p1.StartInfo.RedirectStandardError=true;
    //不显示程序窗口
    p1.StartInfo.CreateNoWindow=true;
```

然后同时启动两个进程，待程序执行完，退出进程，如下：

```
p1.Start();
p.Start();
p.WaitForExit();//等待程序执行完退出进程
p.Close();
p1.WaitForExit();
p1.Close();
```

实例化 3 个 DataTable 类，并设置其列属性，如下：

```
DataTable dt=new DataTable();
DataTable dt1=new DataTable();
DataTable dt2=new DataTable();
dt.Columns.Add("行号?",typeof(int));
dt.Columns.Add("列号",typeof(int));
dt.Columns.Add("像元值",typeof(double));
dt1.Columns.Add("行号",typeof(int));
dt1.Columns.Add("列号",typeof(int));
dt1.Columns.Add("像元值",typeof(double));
dt2.Columns.Add("行号",typeof(int));
dt2.Columns.Add("列号",typeof(int));
dt2.Columns.Add("像元值",typeof(double));
```

将两个进程查询的数据分别加载到对应的表格中，第一个表格加载第一个进程查询的数据，第二个表格加载第二个进程查询的数据，第三个表格加载两个进程所有查询结果，如下：

```
string[] rows=File.ReadAllLines(@"C:\Users\Administrator\Desktop\实验\实验九\txt\1-0.txt");
```

```
//读取返回的查询结果的所有行
foreach (string row in rows)
{ dt.Rows.Add(row.Split(','));//将每行根据“,”分隔,并加载表格 dt
  dt2.Rows.Add(row.Split(','));//将每行根据“,”分隔,并加载表格 dt2
}
string[] rows1=File.ReadAllLines(@"C:\Users\Administrator\Desktop\实验\实验九\txt\1-1.txt");
//读取返回的查询结果的所有行

foreach (string row1 in rows1)
{ dt1.Rows.Add(row1.Split(','));//将每行根据“,”分隔,并加载表格 dt1
  dt2.Rows.Add(row1.Split(','));//将每行根据“,”分隔,并加载表格 dt2
}
```

最后,将 DataTable 装载到相应的 dataGridView 控件,dt 装载到 dataGridView1,dt1 装载到 dataGridView2,dt2 装载到 dataGridView3,如下:

```
dataGridView1.DataSource=dt;
dataGridView2.DataSource=dt1;
dataGridView3.DataSource=dt2;
```

4. 查看结果

运行程序,点击“查询”按钮,即可显示栅格数据并进行查询结果,如图 9-14 所示。

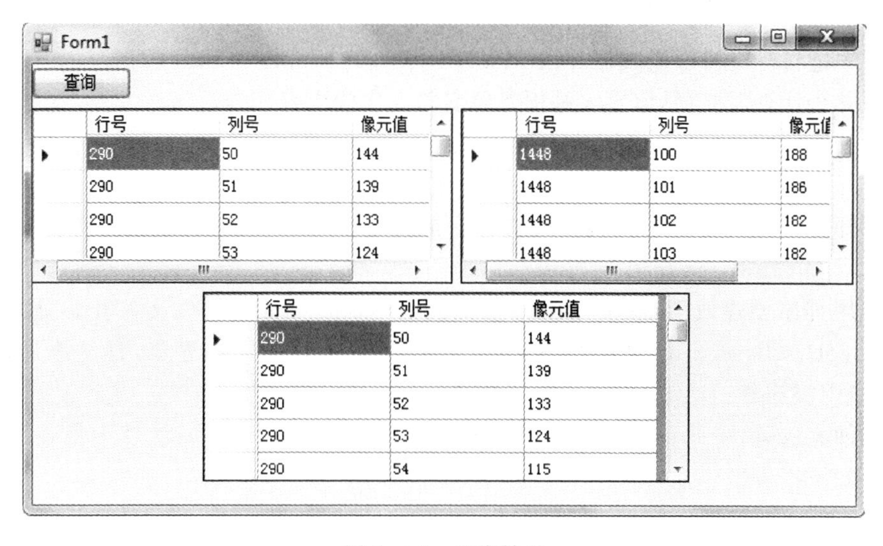

图 9-14　查询结果

实验十　栅格数据并行计算

一、实验目的

(1)了解栅格数据并行计算一般基本流程。
(2)掌握栅格数据并行计算的实现过程。

二、实验学时安排

2 个学时。

三、实验准备

实验平台:VS2010、MapGIS 10。
开发语言:C#。
实验数据:中国地质大学(武汉)新校区卫星影像图片。

四、实验内容

1. 导入栅格影像数据到数据库

(1)首先把目标栅格影像数据导入 MapGIS 平台的 MapGISLocal 数据源的 Sample 数据库里,以便并行计算需要,具体导入过程参照实验九实验内容部分。

2. 创建控制台应用程序

(1)打开 VS2010,新建 Visual C# 控制台应用程序 pro1,创建过程参照实验九实验内容部分。

(2)应用程序创建成功,在引用中添加相关引用,在 Program. cs 文件开始处添加 using MapGIS. GeoDataBase、using MapGIS. GeoDataBase. GeoRaster 程序集,具体添加过程参照实验九实验内容部分。

(3)添加完成后,在 Program 类里面声明一个方法 calculatePixe,注意不是在 Main 函数里面,方法如下:

```
class Program
    {
      static void Main(string[] args)
```

```
        {
        }

        public void calculatePixe()
        {
        }
    }
```

在方法 calculatePixe 里面实例化所需要的类,定义所需要的变量,如下:

```
RasterDataSet cRasDataSet=null;//栅格数据集
RasterBand band=null;//波段
DataBase database=null;//数据库
Server srv=new Server();//服务类
bool rtn=false;//判断栅格数据集是否打开
int height=0;//行数
int width=0;//列数
double val=0;//像元值
double val1=0;//计算后的像元值
```

连接数据源,打开数据库,获取栅格数据集并打开栅格数据,如下:

```
srv.Connect("MapGISLocal","","");//连接数据源
database=srv.OpenGDB("sample");//打开数据库
cRasDataSet=new RasterDataSet(database);//获取栅格数据集
rtn=cRasDataSet.Open("地大新校区卫星图",RasAccessType.RasAccessType_Update);//打开栅格数据集
//文件流
FileStream fs=new FileStream("C:\\Users\\Administrator\\Desktop\\实验\\实验十\\txt\\2-0.txt",System.IO.FileMode.Create,FileAccess.Write);
treamWriter sw=new StreamWriter(fs);//文件写入流
```

当获取到数据库中的栅格数据集后,首先需要判断栅格数据集是否打开成功,如下:

```
  if (rtn)
  {
}
  else
  {
    Console.WriteLine("栅格数据集打开失败");
  }
```

当栅格数据集打开成功后，使用 RasterDataSet 类的 Height 属性获取栅格数据的行数，使用 RasterDataSet 类的 Width 属性获取栅格数据的列数，使用 RasterDataSet 类的 band 属性获取栅格数据集的波段，使用 RasterDataSet 类的 OpenPyramidLayer 方法打开栅格数据金字塔，如下：

```
height=cRasDataSet.Height;//获取栅格数据集的行数
width=cRasDataSet.Width;//获取栅格数据集的列数
band=cRasDataSet.GetRasterBand(1);//获取栅格数据集的一个波段
bool flg=cRasDataSet.OpenPyramidLayer(1);//打开栅格数据金字塔
```

然后通过行数和列数，使用 RasterBand 类的 GetPixel 方法来查询原始像元值，使用 RasterBand 类的 SetPixel 方法改变其像元值，然后再使用 RasterBand 类的 GetPixel 方法来查询改变后的像元值，并把改变前和改变后的像元值保存在本地文本文件里。分两个进程对栅格数据进行计算，所以每个进程只需计算一半，因此把行数分成两部分，一个进程只需计算其中的一部分，即每个进程都是 height /2 行，width 列，如下：

```
for (int i=0;i<height/2;i++)
{
  for (int j=0;j<width;j++)
  {
    val=band.GetPixel(j,i);//获取像元值
    bool flg1=band.SetPixel(j,i,val+1);//改变像元值
    val1=band.GetPixel(j,i);//获取改变后的像元值
    Console.WriteLine(i+","+val);//控制台输出
    str=i +","+j+","+val+","+val1;
    sw.WriteLine(str);//将行号、列号和对应的改变前的像元值和改变后的像元值按行写入本地的文本文件
  }
}
```

在所有像元值计算完毕后，关闭文件流，关闭栅格数据集，关闭数据库，断开服务连接，如下：

```
sw.Close();//关闭文件流
cRasDataSet.Close();//关闭栅格数据集
database.Close();//关闭数据库
srv.DisConnect();//断开服务连接
```

最后在 Main 函数中调用方法，如下：

```
static void Main(string[] args)
{
```

```
        Program P=new Program();
        p.calculatePixe();
    }
```

(4)在 VS2010 里再新建一个控制应用程序 pro2,方法同上,因为两个进程所实现的功能是一样的,所以两个控制台应用程序的代码也是一样的,只是它们所遍历的行号范围不一样,代码直接拷贝过来,只需把原来的(i=0,i<height/2,i++)改为(i=height/2,i<height,i++),如下:

```
    for (int i=height/2;i<height;i++)
    {
      for (int j=0;j<width;j++)
        {  val=band.GetPixel(j,i);//获取像元值
           bool flg1=band.SetPixel(j,i,val+1);//改变像元值
           val1=band.GetPixel(j,i);//获取改变后的像元值
           Console.WriteLine(i+","+val);//控制台输出
           str=i +","+j+","+val+","+val1;
           sw.WriteLine(str);//将行号、列号和对应的改变前的像元值和改变后的像元值按行写入本地的文本文件
        }
    }
```

并把创建输出文本文件的文件名改一下,把之前的“0”改为“1”,如下:

```
    FileStream fs=new FileStream("C:\\Users\\Administrator\\Desktop\\实验\\实验十\\txt\\2-1.txt",System.IO.FileMode.Create,FileAccess.Write);
```

3. 创建窗体程序

(1)打开 VS2010,新建 Visual C# Windows 窗体应用程序,具体创建过程参照实验九实验内容。

(2)创建成功后,从工具箱中向 Form1.cs[设计]窗口中拖入一个 button 控件,并修改其 Text 属性为“并行计算”,具体过程参照实验九实验内容部分。

(3)从工具箱中向 Form1.cs[设计]窗口中拖入 3 个 dataGridView 控件,为了展示并行计算的结果,具体过程参照实验九实验内容。

(4)为 Button 添加 Click 事件,具体参照实验九实验内容。

(5)在 Button 的 Click 事件里添加启动“创建控制台应用程序”中创建的应用程序的相关代码。首先,实例化两个 Process 类作为两个进程,并设置其启动路径等,启动路径就是在“创建控制台应用程序”中所创建的应用程序路径的 Debug 目录下的 pro1.exe 和 pro2.exe,具体代码请参考实验九。

然后同时启动两个进程，待程序执行完退出进程，如下：

```
p1.Start();
p.Start();
p.WaitForExit();//等待程序执行完退出进程
p.Close();
p1.WaitForExit();
p1.Close();
```

把计算前的像元值和计算后的像元值加载到窗口中，便于对比。

实例化 3 个 DataTable 类，并设置其列属性，如下：

```
DataTable dt=new DataTable();
DataTable dt1=new DataTable();
DataTable dt2=new DataTable();
dt.Columns.Add("行号",typeof(int));
dt.Columns.Add("列号",typeof(int));
dt.Columns.Add("计算前的像元值",typeof(double));
dt.Columns.Add("计算后的像元值",typeof(double));
dt1.Columns.Add("行号",typeof(int));
dt1.Columns.Add("列号",typeof(int));
dt1.Columns.Add("计算前的像元值",typeof(double));
dt1.Columns.Add("计算后的像元值",typeof(double));
dt2.Columns.Add("行号",typeof(int));
dt2.Columns.Add("列号",typeof(int));
dt2.Columns.Add("计算前的像元值",typeof(double));
dt2.Columns.Add("计算后的像元值",typeof(double));
```

将两个进程计算的数据分别加载到对应的列表中，第一个表格加载第一个进程计算的数据，第二个表格加载第二个进程计算的数据，第三个表格加载两个进程计算的所有数据，如下：

```
string[] rows=File.ReadAllLines(@"C:\Users\Administrator\Desktop\实验\实验十\txt\2-0.txt");
//读取返回的计算结果的所有行
foreach (string row in rows)
{ dt.Rows.Add(row.Split(','));//将每行根据“,”分隔，并加载表格 dt
  dt2.Rows.Add(row.Split(','));//将每行根据“,”分隔，并加载表格 dt2
}
string[] rows1=File.ReadAllLines(@"C:\Users\Administrator\Desktop\实验\实验
```

```
十\txt\2－1.txt");
    //读取返回的计算结果的所有行
    foreach (string row1 in rows1)
    { dt1.Rows.Add(row1.Split(','));//将每行根据“,”分隔,并加载表格 dt1
      dt2.Rows.Add(row1.Split(','));//将每行根据“,”分隔,并加载表格 dt2
    }
```

最后,将 DataTable 装载到相应的 dataGridView 控件,dt 装载到 dataGridView1,dt1 装载到 dataGridView2,dt2 装载到 dataGridView3。

4. 查看结果

运行程序,点击“并行计算”按钮,即可显示栅格数据并行计算结果,如图 10－1 所示。

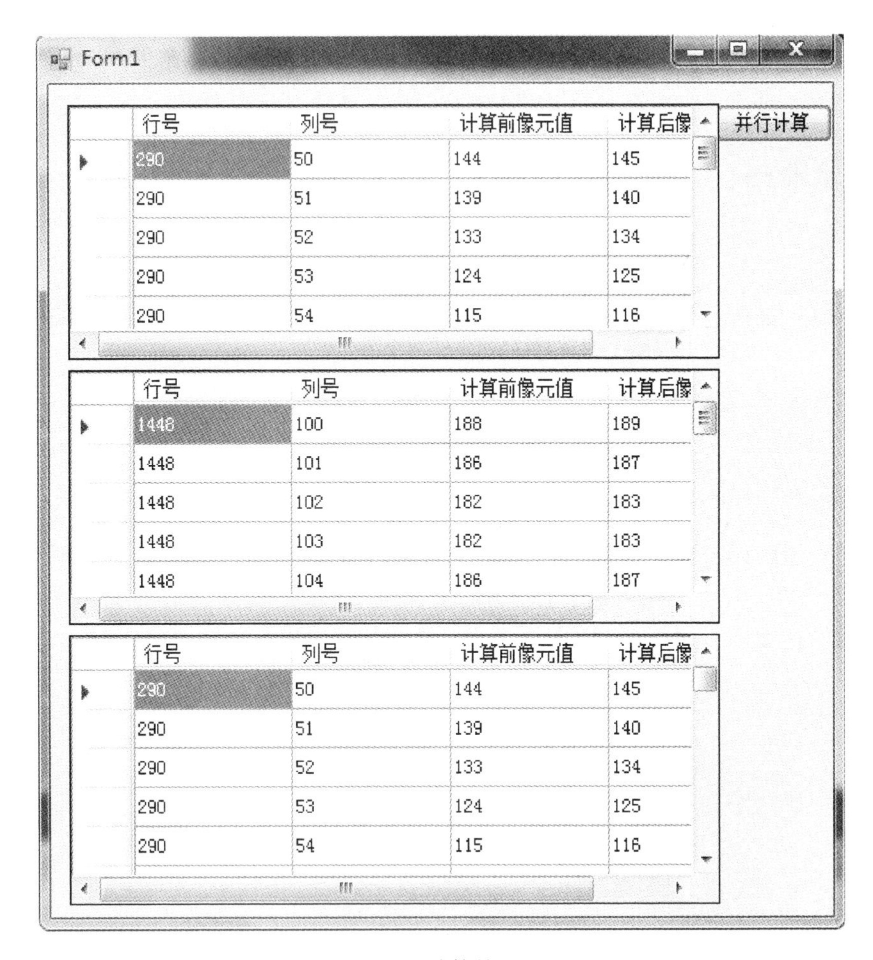

图 10－1　计算结果对比

实验十一　栅格数据并行裁剪

一、实验目的

(1)了解栅格数据并行裁剪基本流程。
(2)掌握栅格数据并行裁剪的实现过程。

二、实验学时安排

2 个学时。

三、实验准备

实验平台:VS2010、MapGIS 10。
开发语言:C#。
实验数据:中国地质大学(武汉)新校区卫星影像图片。

四、实验内容

1. 建立裁剪区

(1)首先将目标栅格影像导入到 MapGIS 平台数据库中,具体过程参照实验九实验内容部分。

(2)将数据库中的目标栅格数据拖到地图窗口,使其显示在地图窗口,如图 11-1 所示。

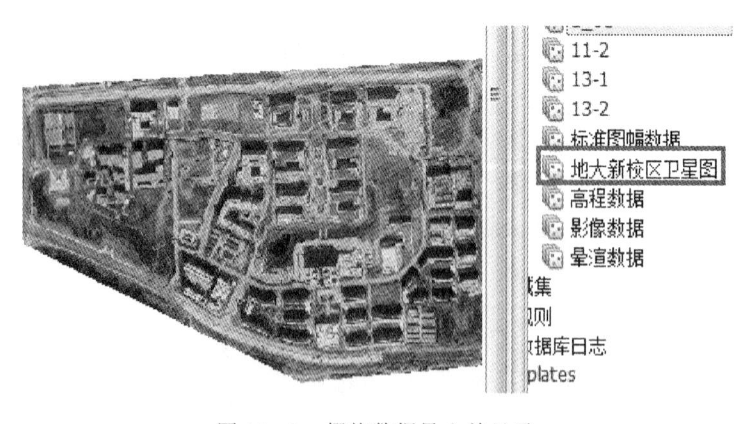

图 11-1　栅格数据导入并显示

(3)鼠标右键点击 sample 数据库中空间数据下“简单要素类”,选择下拉菜单的“创建”要素,如图 11-2 所示。

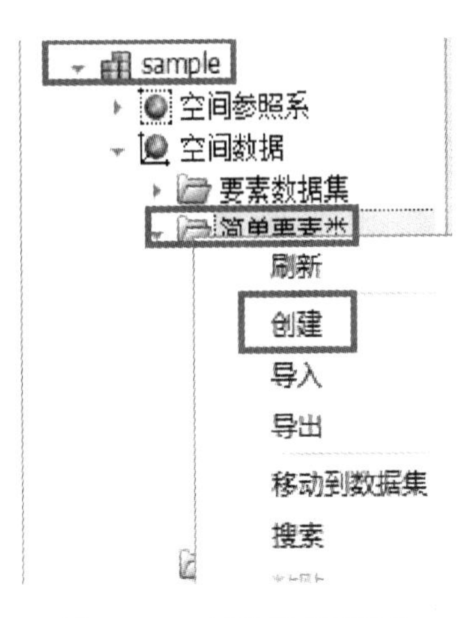

图 11-2　创建简单要素类

(4)填写名称和类型,其他选择默认,点击“下一步”即可,如图 11-3 所示。

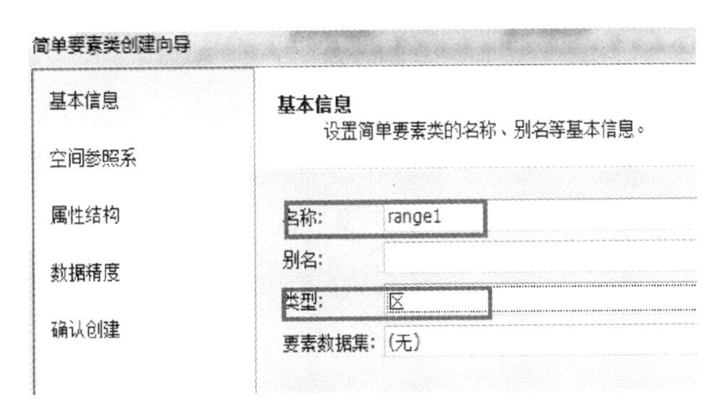

图 11-3　创建简单区要素

(5)创建完成后,将其设置成当前编辑状态,鼠标右键点击“区要素”图层,选择“当前编辑”,如图 11-4 所示。

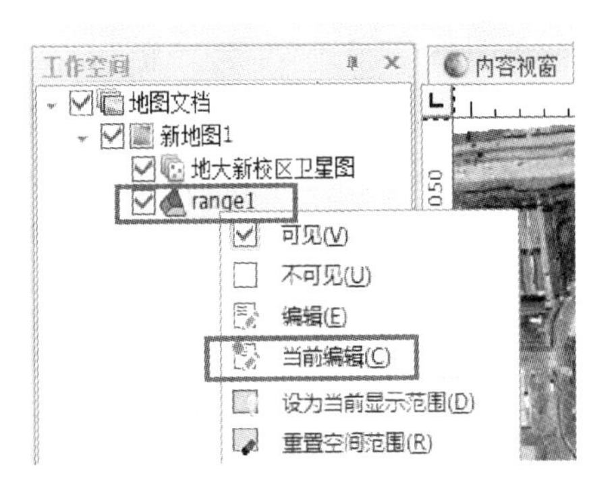

图 11-4　编辑区要素

(6)当区要素处于可编辑状态后,依次选择工具栏中的“区编辑”“输入区”“造折线区”,如图 11-5 所示。

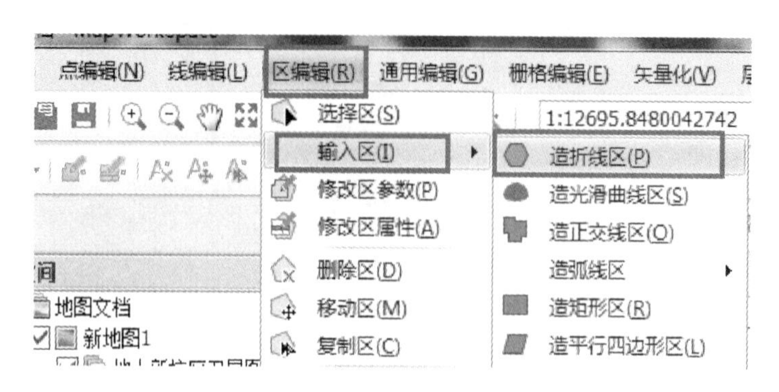

图 11-5 创建折线区

(7)在栅格地图上创建想要裁剪的区域 range1,如图 11-6 所示。

图 11-6 创建裁剪区 range1

(8)使用同样的方法创建裁剪区 range2,如图 11-7 所示。

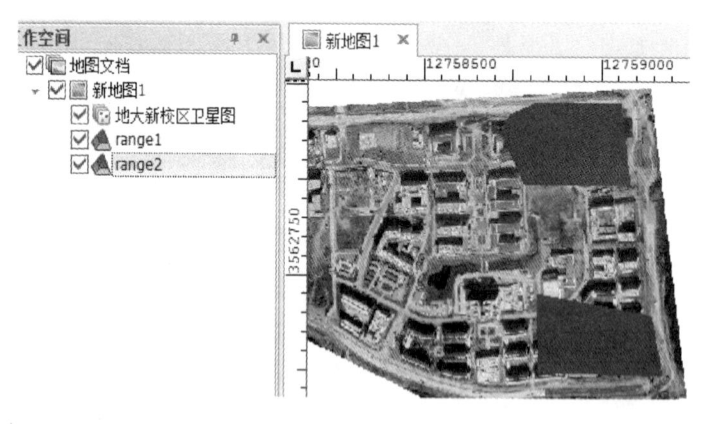

图 11-7 创建裁剪区 range2

2. 导入栅格影像数据到数据库

(1)首先把目标栅格影像数据导入 MapGIS 平台的 MapGISLocal 数据源的 Sample 数据库里，以便并行计算需要，具体导入过程参照实验九实验内容的第一部分。

3. 创建控制台应用程序

(1)打开 VS2010，新建 Visual C# 控制台应用程序 pro1，创建过程参照实验九实验内容部分。

(2)应用程序创建成功，在引用中添加相关引用，在 Program. cs 文件开始处添加 using MapGIS. GeoDataBase、using MapGIS. GeoDataBase. GeoRaster 程序集，具体添加过程参照实验九实验内容部分。

(3)首先在 Program 类里声明一个方法 cutImg，注意不是在 Main 函数里面，方法如下：

```
class Program
    {
        static void Main(string[] args)
        {
        }
        public void cutImg()
        {
        }
    }
```

在方法 cutImg 里面实例化所需要的类，定义所需要的变量。

```
RasterDataSet cRasDataSet=null;//栅格数据集
RasterBand band=null;//波段
int[] bandlist={ 1,2,3 };//波段列表
DataBase database=null;//数据库
Server srv=new Server();//服务
RasImgSubset imgsubset=new RasImgSubset();//影像子集类
bool rtn=false;//判断栅格数据是否打开
```

连接数据源，打开数据库，获取简单要素类，获取栅格数据集并打开栅格数据，代码如下：

```
srv. Connect("MapGISLocal","","");//连接数据源
database=srv. OpenGDB("sample");//打开数据库
SFeatureCls VectorCls=new SFeatureCls(database);//获取简单要素类
  bool flg=VectorCls. Open("range1",0);//打开简单要素类
  cRasDataSet=new RasterDataSet(database);//获取栅格数据集
  rtn=cRasDataSet. Open("地大新校区卫星图",RasAccessType. RasAccessType_Up-
```

date);//打开栅格数据集

当获取到数据库中的栅格数据集后，首先需要判断栅格数据集是否打开成功，如下：

```
if (rtn)
{
}
else {
    Console.WriteLine("栅格数据集打开失败");
    }
```

在栅格数据集打开成功后，定义字符串 url 来保存裁剪影像的输出路径，使用 RasImgSubset 类的 SetData 方法设置裁剪影像的数据源和波段列表，使用 RasImgSubset 类的 SetClipType 设置影像裁剪类型，使用 RasImgSubset 类的 SetDstNoDataValue 设置输出影像的无效值，使用 RasImgSubset 类的 RsClipImageBySFCls 方法进行裁剪操作，然后可以查看本地保存路径，判断是否裁剪成功。

```
if (rtn)
{
string url="C:\\Users\\Administrator\\Desktop\\实验\\实验十一\\result\\11 - 1.tif";//裁剪影像的输出路径
imgsubset.SetData(cRasDataSet,bandlist);//设置裁剪影像的数据源和波段列表
imgsubset.SetClipType(0);//设置影像裁剪类型
imgsubset.SetDstNoDataValue(0);//设置输出影像的无效值
int flg1=imgsubset.RsClipImageBySFCls(VectorCls,0,1,url);//裁剪
}
```

裁剪完成后，关闭简单要素类，关闭栅格数据集，关闭数据库，断开服务连接。

```
VectorCls.Close();//关闭简单要素类
cRasDataSet.Close();//关闭栅格数据集
database.Close();//关闭数据库
srv.DisConnect();//断开服务连接
```

最后在 Main 函数中调用方法，如下：

```
static void Main(string[] args)
{
    Program P=new Program();
    p.cutImg();
}
```

(4)在 VS2010 里再新建一个控制台应用程序 pro2,方法同上,因为两个进程所实现的功能是一样的,所以两个控制台应用程序的代码也是一样的,只是它们所裁剪的范围不同,裁剪输出的影像也不同,只需要改一下裁剪范围,把 range1 改成 range2,把输出路径 11－1.tif 改成 11－2.tif,如下:

```
bool flg=VectorCls.Open("range2",0);//打开简单要素类

if (rtn)
{
string url="C:\\Users\\Administrator\\Desktop\\实验\\实验十一\\result\\11－2.tif";//裁剪影像的输出路径
imgsubset.SetData(cRasDataSet,bandlist);//设置裁剪影像的数据源和波段列表
imgsubset.SetClipType(0);//设置影像裁剪类型
imgsubset.SetDstNoDataValue(0);//设置输出影像的无效值
int flg1=imgsubset.RsClipImageBySFCls(VectorCls,0,1,url);}//裁剪
```

4.创建窗体程序

(1)打开 VS2010,新建 Visual C# Windows 窗体应用程序,具体创建过程参照实验九实验内容部分。

(2)创建成功后,从工具箱中向 Form1.cs[设计]窗口中拖入一个 Button 控件,并修改其 Text 属性为"裁剪",具体过程参照实验九实验内容部分。

(3)从工具箱中向 Form1.cs[设计]窗口中拖入 2 个 PictureBox 控件,展示裁剪的结果,如图 11－8 所示。

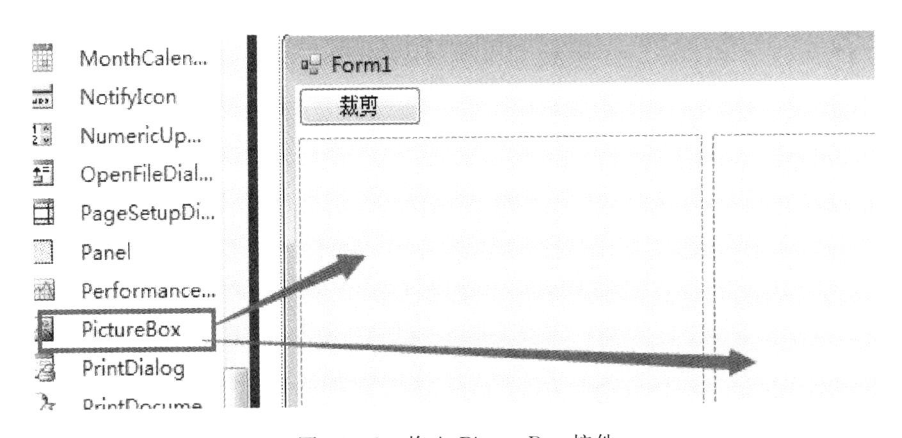

图 11－8　拖入 PictureBox 控件

(4)为 Button 添加 Click 事件,参照实验九实验内容部分。

(5)在 Button 的 Click 事件里添加启动"创建控制台应用程序"中创建的应用程序的相关代码。

首先,实例化两个 Process 类作为两个进程,并设置其启动路径等,启动路径就是在"创建

控制台应用程序”中所创建的应用程序路径的 bin 目录中的 Debug 目录下的 pro1. exe 和 pro2. exe，具体代码请参考实验九实验内容部分。使用 PictureBox 的 Load 方法将裁剪的结果加载到窗口中的 PictureBox 里，如下：

```
string url1="C:\\Users\\Administrator\\Desktop\\实验\\实验十一\\result\\11-1.tif";//进程 1 裁剪的结果
string url2="C:\\Users\\Administrator\\Desktop\\实验\\实验十一\\result\\11-2.tif";//进程 2 裁剪的结果
this.PictureBox1.Load(url1);//将进程 2 裁剪的结果加载到 PictureBox1
this.PictureBox2.Load(url2);//将进程 2 裁剪的结果加载到 PictureBox2
```

5. 查看结果

运行程序，点击“裁剪”按钮，即可显示栅格数据并行裁剪结果，如图 11-9 所示。

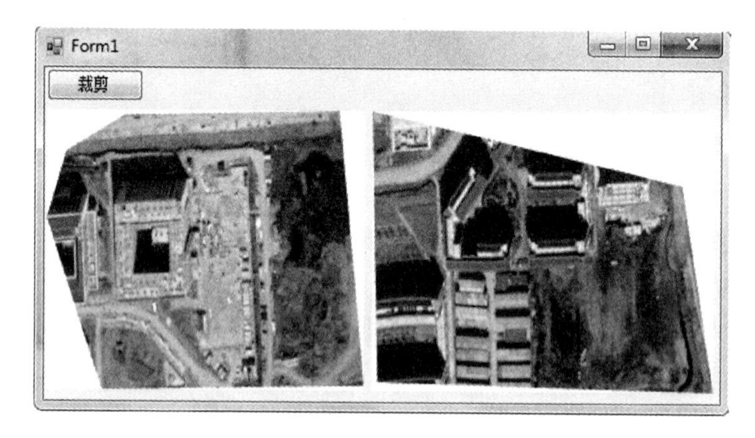

图 11-9　并行裁剪的结果

实验十二　网络地图并行下载

一、实验目的

(1)了解网络地图并行下载一般基本流程。
(2)掌握网络并行下载的实现过程。
(3)掌握瓦片地图的行列号的计算方法。
(4)掌握瓦片地图的发布。

二、实验学时安排

2 个学时。

三、实验准备

实验平台:VS2010、MapGIS 10。
开发语言:C#。
实验数据:中国地质大学(武汉)新校区卫星影像图片。

四、实验内容

1.制作并发布瓦片地图

(1)打开 MapGIS 桌面端,将影像图片导入数据库,具体参照实验九实验内容部分。
(2)数据库中的影像图片拖入地图中,如图 12-1 所示。

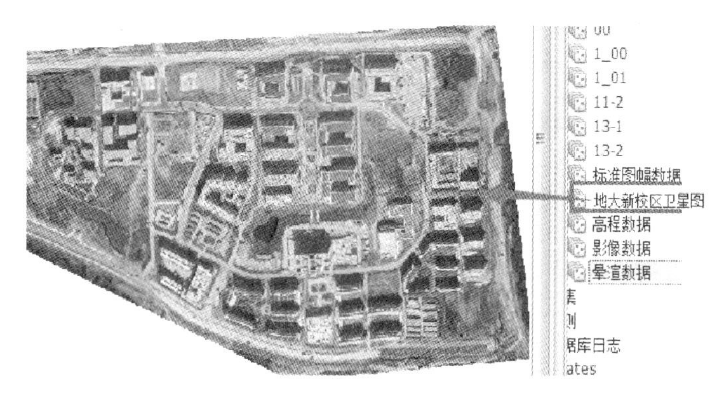

图 12-1　导入地图

(3)鼠标右键点击 MapGIS 界面空白处,选择“瓦片工具条”,如图 12-2 所示。

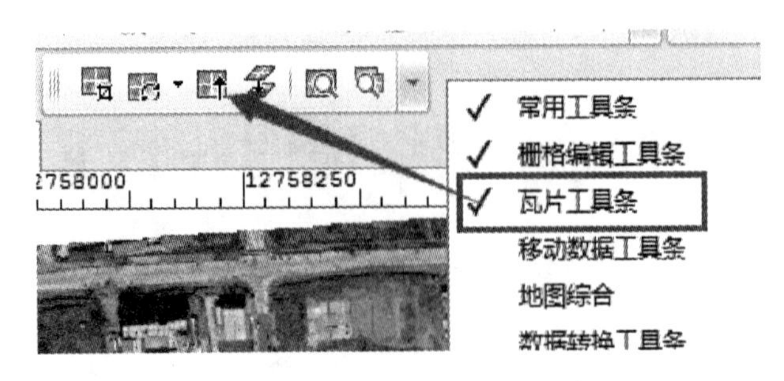

图 12-2　加载瓦片地图工具条

(4)点击“瓦片裁剪”按钮,进行裁剪设置,点击“下一步”,如图 12-3 所示。

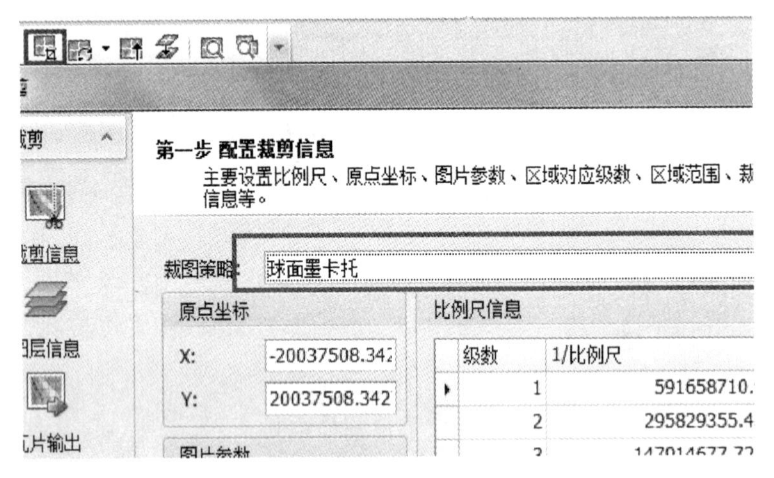

图 12-3　瓦片裁剪

(5)配置图层信息,这里选 16 和 17 两个级别,点击“下一步”,如图 12-4 所示。

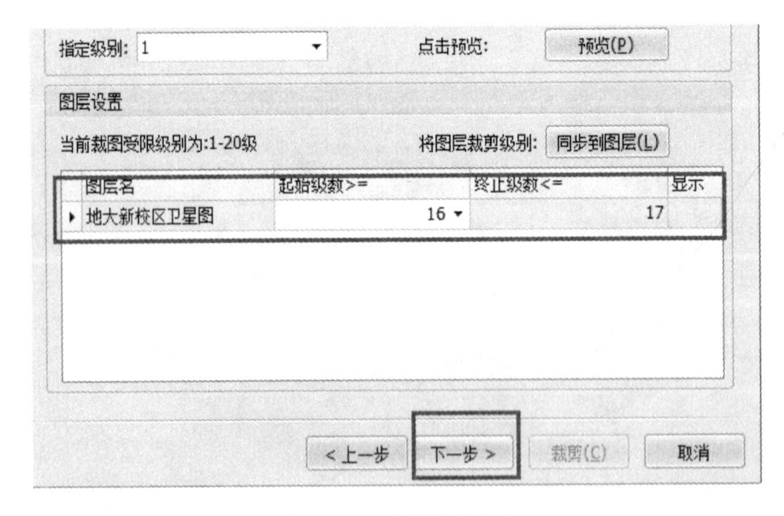

图 12-4　配置图层信息

(6)进行瓦片输出设置,设置完成后,点击"裁剪",如图 12-5 所示。

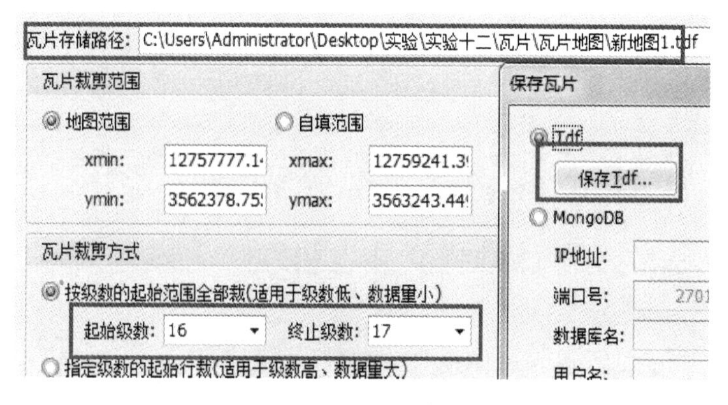

图 12-5　裁剪输出设置

(7)打开浏览器,输入网址 http://localhost:9999/到 MapGIS 平台的 Server Manager 的登陆界面,输入用户名 admin、密码 sa,然后登陆到 Server Manager 界面,点击左侧"地图服务",点击"发布瓦片",如图 12-6 所示。

图 12-6　选择地图服务

(8)选择刚才在 MapGIS 裁剪的地图,并设置名称,点击"发布",如图 12-7 所示。

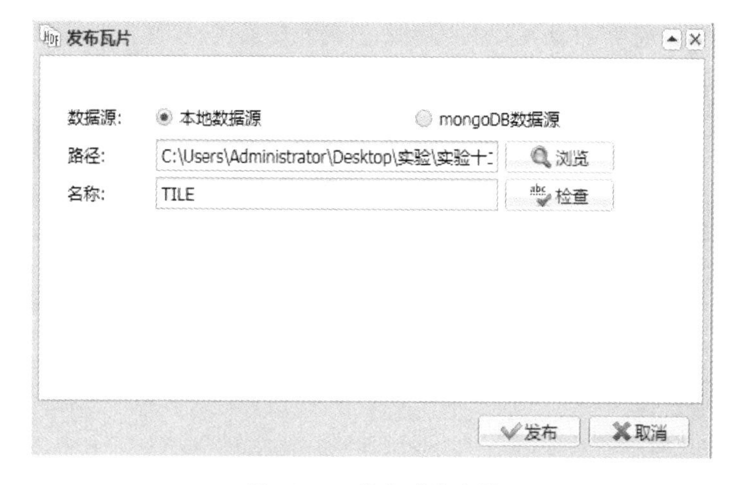

图 12-7　发布瓦片地图

(9)点击“预览”按钮,即可查看已发布的瓦片地图,如图 12-8 和图 12-9 所示。

图 12-8 点击“预览”

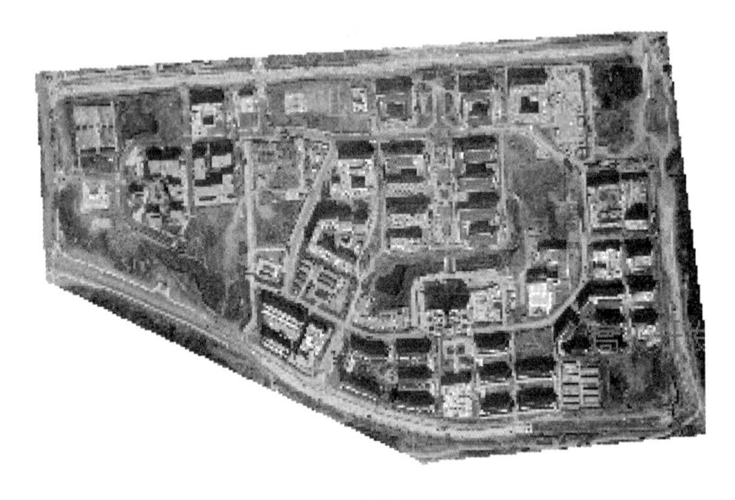

图 12-9 预览地图

2. 创建控制台应用程序

(1)打开 VS2010,点击“文件”,新建 Visual C# 控制台应用程序 pro1,具体创建过程参照实验九实验内容部分。

(2)应用程序创建成功,开始编写网络地图下载的功能代码,首先在 pro1 里的 Program. cs 文件的开始处添加程序集 using System. Net,如图 12-10 所示。

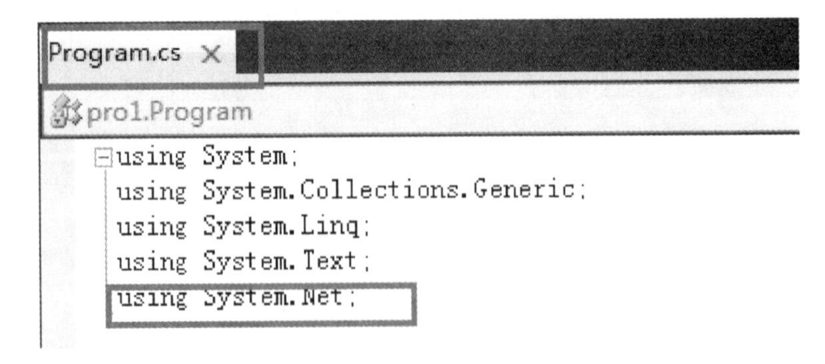

图 12-10 添加程序集

(3)开始编写查询功能代码，首先在 Program 类里面声明一个方法 downloadTile，注意不是在 Main 函数里面，方法如下：

```
class Program
    {
        static void Main(string[] args)
        {
        }
    public void downloadTile()
    {
    }
    }
```

在方法 downloadTile 中，定义所需要的变量，如下：

```
double x1＝－20037508.34;//查询得到的墨卡托投影的x最小值
double x2＝20037508.34;//查询得到的墨卡托投影的x最大值
double y1＝－20037508.34;//查询得到的墨卡托投影的y最小值
double y2＝20037508.34;//查询得到的墨卡托投影的y最大值
double xmin＝12757777.1450514;//查询得到的地图范围的x最小值
double xmax＝12759241.3918745;//查询得到的地图范围的x最大值
double ymin＝3562378.75577342;//查询得到的地图范围的y最小值
double ymax＝3563243.44965588;//查询得到的地图范围的y最大值
int num＝1;
WebClient client＝new WebClient();//实例化 WebClient 类
```

计算 16 级瓦片地图的最大和最小行列号，如下：

```
double width16＝(x2 - x1) / Math.Pow(2,15);//计算 16 级瓦片地图的网格宽度
double L16min＝Math.Floor((xmin - x1) / width16);//计算 16 级瓦片地图的最小列号
double H16min＝Math.Floor((y2 - ymax) / width16);//计算 16 级瓦片地图的最小行号
double L16max＝Math.Floor((xmax - x1) / width16);//计算 16 级瓦片地图的最大列号
double H16max＝Math.Floor((y2 - ymin) / width16);//计算 16 级瓦片地图的最大行号
```

在控制台输出所计算的行列号，如下：

```
Console.WriteLine("16 级"＋","＋ H17min＋","＋ H17max＋","＋ L17min＋","＋
L17max);
```

通过行列号，使用 WebClient 类的 DownloadFile，下载 Server Manager 上发布的 16 级瓦片地图，如下：

```
for (int i=Convert.ToInt32(H16min);i<Convert.ToInt32(H16max)+1;i++ )
  {
     for (int j=Convert.ToInt32(L16min);j<Convert.ToInt32(L16max)+1;j++)
        {    string filename=16+"-"+num+"."+"png";//输出图片名
             num=num+1;
             string dir="C:\\Users\\Administrator\\Desktop\\实验\\实验十二\\result\\"+filename;//输出图片路径
             string url="http://localhost:6163/igs/rest/mrms/tile/TILE/"+(16-1)+"/"+i+"/"+j;//下载地址
             client.DownloadFile(url,dir);//下载
        }
  }
```

下载完成之后，释放 WebClient，如下：

```
client.Dispose();
```

最后在 Main 函数中调用方法，如下：

```
static void Main(string[] args)
{
     Program P=new Program();
     P.downloadTile();
}
```

(4)在 VS2010 里再新建一个控制应用程序 pro2，方法同上，因为两个进程所实现的功能是一样的，所以两个控制台应用程序的代码基本也是一样的，只是所下载的地图级别不同，所以只需稍作修改即可，修改部分如下：

```
double width17=(y2 - y1) / Math.Pow(2,16);
double L17min=Math.Floor((xmin - x1) / width17);
double H17min=Math.Floor((y2 - ymax) / width17);
double L17max=Math.Floor((xmax - x1) / width17);
double H17max=Math.Floor((y2 - ymin) / width17);
Console.WriteLine("17 级"+","+H17min+","+H17max+","+L17min+","+L17max);

for (int i=Convert.ToInt32(H17min);i<Convert.ToInt32(H17max)+1;i++)
     {
        for (int j=Convert.ToInt32(L17min);j<Convert.ToInt32(L17max)+1;j++)
          {
```

```
            string filename=17+"-"+num+"."+"png";
            num=num+1;
            string dir="C:\\Users\\Administrator\\Desktop\\实验\\实验十二\\re-
sult\\"+filename;
            string url="http://localhost:6163/igs/rest/mrms/tile/TILE/"+(17-1)
+"/"+i+"/"+j;
            client.DownloadFile(url,dir);
        }
    }
client.Dispose();
```

3. 创建控制台应用主程序

(1)打开 VS2010,新建 Visual C# 控制台应用程序 test12,具体创建过程参照本实验实验内容部分。

(2)添加程序集 using System.Diagnostics,具体添加过程参照本实验实验内容部分。

(3)开始编写查询功能代码,首先在 Program 类里面声明一个方法 startProcess,注意不是在 Main 函数里面,方法如下:

```
class Program
    {
        static void Main(string[] args)
        {
        }
        public void startProcess()
        {
    }
    }
```

(4)在方法 startProcess 里实例化两个 Process 类作为两个进程,并设置其启动路径等,启动路径就是在上文中所创建的应用程序路径的 Debug 目录下的 pro1.exe 和 pro2.exe,具体代码请参考实验九实验内容部分。

然后开始同时启动两个进程,等待程序执行完退出进程,如下:

```
p1.Start();//启动进程 2
p.Start();//启动进程 1
p.WaitForExit();//等待程序执行完退出进程
int code=p.ExitCode;//进程退出码,正确退出返回 0
if (code==0)
{
```

```
    Console.WriteLine("16 级的瓦片地图下载成功");
}
p.Close();//关闭进程
p1.WaitForExit();//等待程序执行完退出进程
int code1=p1.ExitCode;//进程退出码,正确退出返回 0
if (code1==0)
{
    Console.WriteLine("17 级的瓦片地图下载成功");
}
p1.Close();//进程退出码,正确退出返回 0
```

然后在 Main 函数里调用方法 startProcess,如下:

```
class Program
    {
        static void Main(string[] args)
        {
            Program p=new Program();
            p.startProcess();
        }
    }
```

4. 查看结果

运行程序,查看执行结果,如图 12-11 和图 12-12 所示。

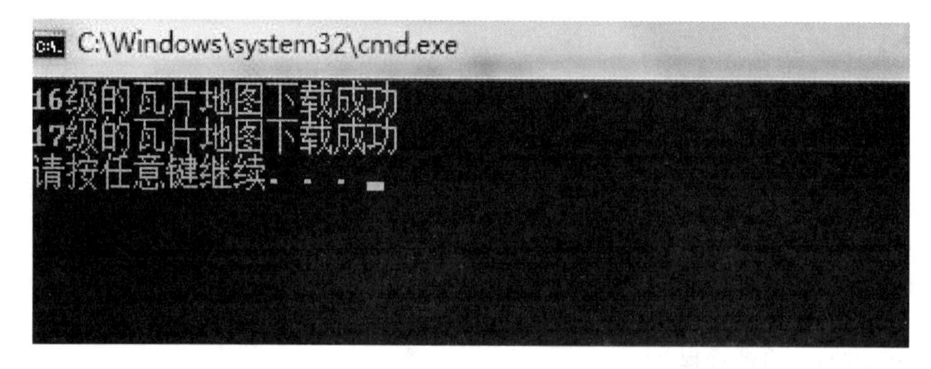

图 12-11　运行成功

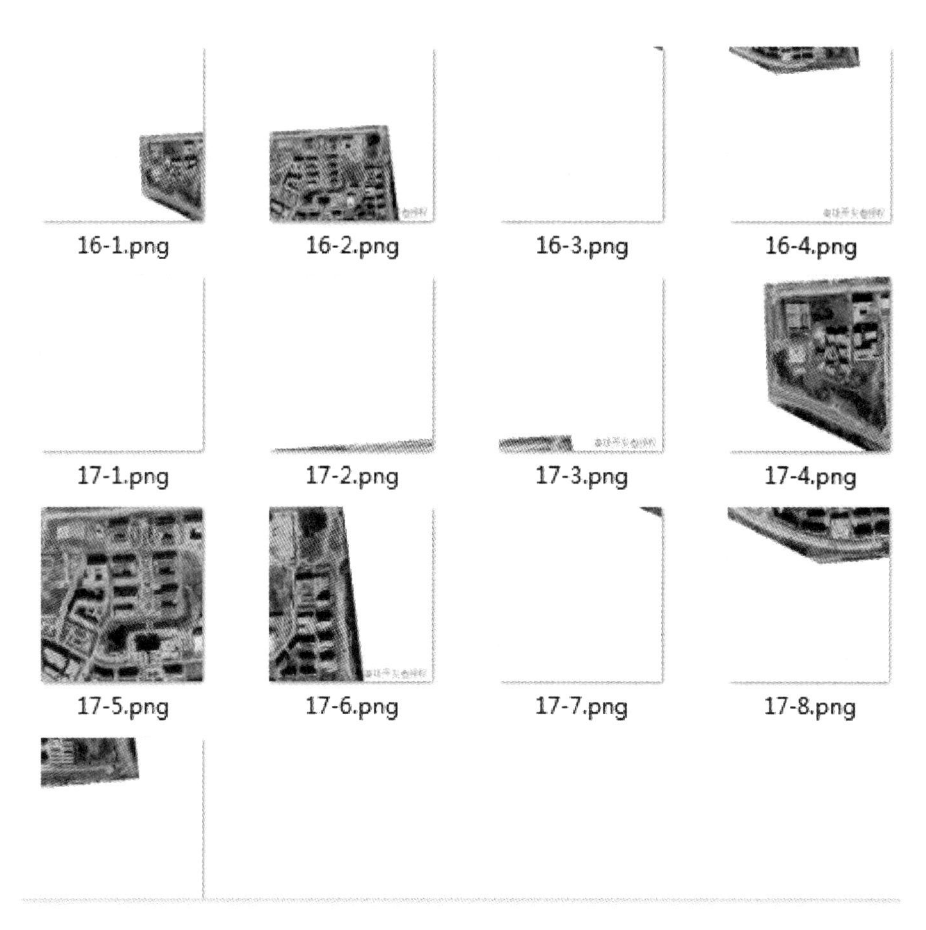

图 12－12 查看下载结果

实验十三　空间数据并行导入导出

一、实验目的

（1）了解空间数据导入导出的一般基本流程。
（2）掌握空间数据并行导入导出的实现过程。

二、实验学时安排

2 个学时。

三、实验准备

实验平台：VS2010、MapGIS 10。
开发语言：C#。
实验数据：中国地质大学（武汉）新校区卫星影像图片。

四、实验内容

1. 创建控制台应用程序

（1）打开 VS2010，新建 Visual C# 控制台应用程序 pro1，参照实验九实验内容部分。
（2）在 pro1 中添加相关引用，并引用相关程序集，参照实验九实验内容部分。
（3）开始编写功能代码，首先在 Program 类里面声明一个方法 rasterIn 和 rasterOut ，注意不是在 Main 函数里面，方法如下：

```
class Program
    {
        static void Main(string[] args)
        {
        }
        public void rasterIn()// 栅格数据导入函数
        {
        }
        public void rasterOut()// 栅格数据导出函数
    {
```

```
        }
        }
```

分别在方法 rasterIn 和 rasterOut 里实例化所需要的类，定义所需要的变量，如下：

```
class Program
        {
            static void Main(string[] args)
            {
            }

            public void rasterIn()// 栅格数据导入函数
            {
            string url1="C:\\Users\\Administrator\\Desktop\\实验\\实验十三\\数据\\
13-1.tif";//本地栅格数据源路径
              string url2="gdbp://MapGisLocal/sample/ras/13-1";// MapGIS 数据库路径
              string frm="GTiff";//数据导入格式
              RasTrans ras=new RasTrans();//栅格数据转换类
            }
            public void rasterOut()// 栅格数据导出函数
        {
            string url3="C:\\Users\\Administrator\\Desktop\\实验\\实验十三\\result\\
13-1.tif";//本地栅格数据源路径
            string url4="gdbp://MapGisLocal/sample/ras/13-1";//MapGIS 数据库路径
            string frm1="GTiff";//数据导出格式
            RasTrans ras1=new RasTrans();//栅格数据转换类
        }
        }
```

通过 RasTrans 类的 RsImgTrans 方法进行栅格数据的导入导出，如下：

```
class Program
        {
            static void Main(string[] args)
            {
            }
            public void rasterIn()// 栅格数据导入函数
            {
            string url1="C:\\Users\\Administrator\\Desktop\\实验\\实验十三\\数据\\
13-1.tif";//本地栅格数据源路径
```

```
            string url2="gdbp://MapGisLocal/sample/ras/13-1";// MapGIS数据库路径
            string frm="GTiff";//数据导入格式
            RasTrans ras=new RasTrans();//栅格数据转换类
            int flg=ras.RsImgTrans(url1,url2,frm);//栅格数据导入
        }

        public void rasterOut()// 栅格数据导出函数
    {
        string url3="C:\\Users\\Administrator\\Desktop\\实验\\实验十三\\result\\13-1.tif";//本地栅格数据源路径
            string url4="gdbp://MapGisLocal/sample/ras/13-1";//MapGIS数据库路径
            string frm1="GTiff";//数据导出格式
            RasTrans ras1=new RasTrans();//栅格数据转换类
        }
    }
```

最后，在 Main 函数里调用这两个函数，如下：

```
static void Main(string[] args)
{
  Program p=new Program();
  p.rasterIn();
  p.rasterOut();
}
```

（4）在 VS2010 里再新建一个控制应用程序 pro2，方法同上，只是两个应用程序导入导出的数据不一样，所以只需把路径改一下即可。

2. 创建控制台应用主程序

（1）打开 VS2010，新建 Visual C# 控制台应用程序 test13，具体创建过程参照本实验实验内容第一部分。

（2）添加程序集 using System.Diagnostics；具体添加过程参照本实验实验内容部分。

（3）开始编写查询功能代码，首先在 Program 类里面声明一个方法 startProcess，注意不是在 Main 函数里面，方法如下：

```
class Program
    {
        static void Main(string[] args)
        {
        }
```

```
        public void startProcess()
        {
    }
    }
```

(4)在方法 startProcess 里实例化两个 Process 类作为两个进程，并设置其启动路径等，启动路径就是在步骤 2 中所创建的应用程序路径的 Debug 目录下的 pro1.exe 和 pro2.exe，具体代码请参考实验九实验内容部分。最后在 Main 函数里调用方法 startProcess，如下：

```
class Program
    {
        static void Main(string[] args)
        {
            Program p=new Program();
            p.startProcess();
        }
    }
```

3. 查看结果

运行程序，查看执行结果，如图 13－1—图 13－3 所示。

图 13－1　程序执行结果

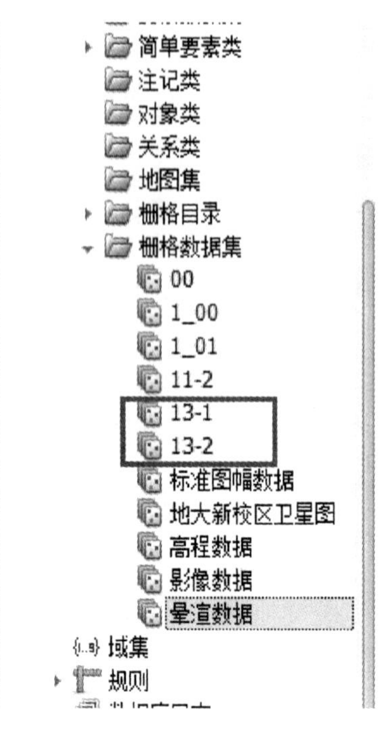

图 13－2　导入到数据库中的数据

共享 ▼　刻录　新建文件夹

名称	修改日期	类型
13-1.tif	2019/6/4 星期二 ...	TIF 图片文
13-1.tif.aux.xml	2019/6/4 星期二 ...	XML 文档
13-1.tif.ovr	2019/6/4 星期二 ...	OVR 文件
13-1.tif.rdp	2019/6/4 星期二 ...	远程桌面连
13-1.wld	2019/6/4 星期二 ...	WLD 文件
13-2.tif	2019/6/4 星期二 ...	TIF 图片文
13-2.tif.aux.xml	2019/6/4 星期二 ...	XML 文档
13-2.tif.ovr	2019/6/4 星期二 ...	OVR 文件
13-2.tif.rdp	2019/6/4 星期二 ...	远程桌面连
13-2.wld	2019/6/4 星期二 ...	WLD 文件

图 13－3　从数据库中导出到本地的数据

主要参考文献

方雷.基于云计算的土地资源服务高效处理平台关键技术探索与研究[D].杭州:浙江大学,2011.

郭诚.云环境下的水质安全服务平台关键技术研究[D].杭州:浙江大学,2013.

郭明强.面向高性能计算的 WebGIS 模型关键技术研究[D].武汉:中国地质大学,2013.

田光.并行计算环境中矢量空间数据的划分策略研究与实现[D].武汉:中国地质大学,2011.

许弘琛.面向 Web 大规模移动对象轨迹数据管理与聚集技术研究[D].长沙:国防科学技术大学,2014.

姚闯.基于集群的高性能 GIS 系统研究[D].长沙:国防科学技术大学,2016.

姚丽萍.高性能计算——GIS 集成的大气环境质量分析支持系统研究[D].上海:华东师范大学,2006.

赵春宇.高性能并行 GIS 中矢量空间数据存取与处理关键技术研究[D].武汉:武汉大学,2006.

周经纬.矢量大数据高性能计算模型及关键技术研究[D].杭州:浙江大学,2016.

朱云.基于 ProCAST 的高性能铝合金 GIS 罐体低压铸造工艺研究[D].合肥:合肥工业大学,2014.